辽宁省职业教育"十四五"首批规划教材
辽宁省职业教育精品在线开放课程配套教材

第二版

CAD/CAM 应用技术

——UG NX项目教程

史立峰 主编

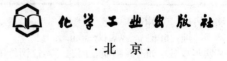
化学工业出版社
·北京·

内容简介

本书结合作者多年使用 UG NX 软件的实践经验，以及教学培训中的体会，精选了 18 个典型项目，以图文形式，由浅入深、循序渐进地介绍了 UG NX 软件建模、装配、制图和加工等模块常用的功能和命令，包括草图、特征建模、曲线曲面建模、同步建模、装配建模和工程图，以及型腔铣、底壁铣、深度轮廓铣、固定轮廓铣、区域轮廓铣、清根铣、钻孔、铣孔等内容。

本书以实用为原则，以应用为目标，以项目为主线，结构严谨，内容翔实，知识全面，语言简洁，图文并茂，可读性强，兼顾设计思路和设计技巧，是一本很好的从入门到精通 UG NX 软件的图书。

本书面向 UG NX 软件初、中级学习者，可作为各类职业学院机械设计与制造、机械制造及自动化、数控技术、模具设计与制造等专业的 CAD/CAM 相关课程的教材，也可作为社会上相关培训的教材，以及自学用书。

图书在版编目（CIP）数据

CAD/CAM 应用技术：UG NX 项目教程 / 史立峰主编 . ——
2 版 . —— 北京 ：化学工业出版社，2025.1. ——（辽宁省
职业教育"十四五"首批规划教材）（辽宁省职业教育精
品在线开放课程配套教材）. —— ISBN 978-7-122-38074
-6

Ⅰ．TP391.72

中国国家版本馆 CIP 数据核字第 2024CX0976 号

责任编辑：韩庆利　　　　　　　　文字编辑：吴开亮
责任校对：王鹏飞　　　　　　　　装帧设计：史利平

出版发行：化学工业出版社
　　　　　（北京市东城区青年湖南街 13 号　邮政编码 100011）
印　　装：三河市航远印刷有限公司
787mm×1092mm　1/16　印张 16¼　字数 408 千字
2025 年 1 月北京第 2 版第 1 次印刷

购书咨询：010-64518888　　　　　　售后服务：010-64518899
网　　址：http://www.cip.com.cn
凡购买本书，如有缺损质量问题，本社销售中心负责调换。

定　　价：55.00 元

CAD/CAM 技术是制造业中的核心关键技术，是推动制造业向数字化、智能化转型的重要驱动力，为新质生产力的形成与发展奠定了坚实的基础。在众多 CAD/CAM 软件中，UG NX 软件凭借其高度集成的特性、强大的灵活性、卓越的三维建模能力，以及智能加工编程等显著优势，被广泛应用于航天航空、船舶、汽车、机械、电子、模具等多个领域。因此，很多高校将 UG NX 软件教学纳入专业核心课程体系。

本书精选了 18 个典型项目，以图文形式，由易到难、循序渐进地介绍了 UG NX 软件建模、装配、制图和加工等模块常用的功能和命令，包括草图、特征建模、曲线曲面建模、同步建模、装配建模和工程图，以及型腔铣、底壁铣、深度轮廓铣、固定轮廓铣、区域轮廓铣、清根铣、钻孔、铣孔等内容。

本书是"基于工作过程导向，项目化与理实一体化融合"的教材，凝聚了作者多年教学与培训的积淀，以及编写多部同类教材的经验。此次修订，在保留第一版内容的基础上，对项目实例进行了精心打磨与完善，进一步强化了图文并茂的呈现方式，旨在为读者带来更加丰富、直观的学习体验。

本书结构紧凑，内容详尽而全面，语言精练而准确，具有以下显著特点：

（1）项目引领、任务驱动。本书采用项目化编写体例，围绕典型工作任务构建教学单元，高度契合"教、学、做"一体化的职业教育理念。本书各项目深度融入知识点与技能点，彻底颠覆了传统教材单纯讲解菜单、命令的模式。

（2）活页特色、手册特点。本书各项目独立完整，按难度梯度编排，既体现了活页式教材的灵活独立性，又遵循了由浅入深的学习规律。附录中的知识点索引，则兼具手册式教材的查询功能，能够帮助读者快速查阅所需内容。

（3）建模思路与教学设计并重。本书各项目都包括学习目标、项目分析、相关知识、项目实施、拓展提高、课后练习六个环节，既引导学生有序学习、理解建模过程、掌握建模命令，也为教师提供了清晰的教学框架，便于组织课程教学。

（4）课程思政的巧妙融入。本书各项目后增设工业软件相关的知识或背后的故事，旨在通过讲述我国工业软件发展的艰辛历程与辉煌成就，激发学生的民族自豪感与使命感，坚定他们未来学习、使用乃至推动国产软件发展的信念。

本书由辽宁装备制造职业技术学院史立峰担任主编，湖南化工职业技术学院李群松、辽宁丰田金杯技师学院王佳珺和辽宁装备制造职业技术学院孙燕燕担任副主编，沈阳飞机工业（集团）有限公司牛建业、辽宁装备制造职业技术学院李琦和杨坡参编。本书项目 1、2 由李群松编写，项目 3、4、7 由史立峰编写，项目 5、6、9、13～15 由孙燕燕编写，项目 8、10 由王佳珺编写，项目 11 由牛建业编写，项目 12 和附录由李琦编写，项目 16～18 由杨坡编写。

本书面向 UG NX 软件初、中级学习者，可作为各类职业学院机械设计与制造、机械制造及自动化、数控技术、模具设计与制造等专业的 CAD/CAM 相关课程的教材，也可作为社会上相关培训的教材，以及自学用书。

为方便学习，本书配套全部项目的操作视频、微课及课件等数字资源，视频、微课等通过扫描书中二维码观看学习，课件等资源可登录化学工业出版社教学资源网 www.cipedu.com.cn 免费下载，或联系 QQ857702606 索取。

感谢广大师生和读者对本书的支持与认可，衷心希望对本书不足之处提出宝贵的意见和建议，以便修订时进一步完善。

编者

目 录

项目 1

绘制槽形草图

📑 学习目标

草图是位于指定平面中的一系列点和曲线的集合，它是三维特征建模的基础和关键，几乎所有的设计都是从草图开始的，而且从草图创建的特征与草图相关联，即如果草图改变，特征也将改变。

本项目通过绘制槽形草图（图1-1），达到如下学习目的：

☆掌握NX文件的新建、打开、保存等操作命令的使用。

☆掌握草图环境的进入与退出。

☆掌握"轮廓""偏置曲线"等草图曲线命令的使用。

☆掌握"快速尺寸""几何约束"（水平、点在曲线上、中心）等草图约束命令的使用。

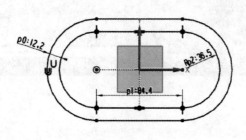

图1-1　槽形草图

📄 项目分析

在三维特征建模时，常会遇到用类似于槽形的曲线创建实体的情况，如键槽、窄槽等。该草图由首尾相连的直线和圆弧组成，且在连接处相切。绘制该草图曲线的思路是：先使用"轮廓"命令绘制草图大致外形轮廓，再进行草图曲线约束，最后使用"偏置曲线"命令获得外侧等距曲线，绘制过程如图1-2所示。

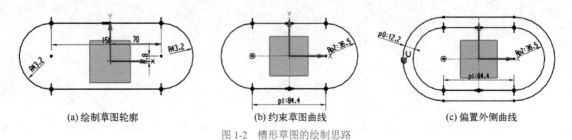

|(a) 绘制草图轮廓|(b) 约束草图曲线|(c) 偏置外侧曲线|

图 1-2　槽形草图的绘制思路

🌱 相关知识

知识 1.1　建模环境

（1）启动软件

在 Windows 窗口，依次选择"开始"→"所有程序"→"Siemens NX"→"NX" 🐍，或在桌面上双击"NX" 🐍，启动 NX 软件。

启动 NX 软件后，将弹出 NX 启动界面，如图 1-3 所示，该界面显示片刻后即消失，之后弹出 NX 初始界面，如图 1-4 所示。

图 1-3　NX 启动界面

图 1-4　NX 初始界面

（2）建模环境

在 NX 中绘制草图、创建实体模型，以及进行实体装配等，都需要在建模环境中进行。在"应用模块"选项卡"设计"组中单击"建模" ，如图 1-5 中序号①～②所示，会启动建模模块，即进入建模环境。如建模模块已启动，当 NX 处于非建模环境中时，按此步骤操作，可重新进入建模环境。

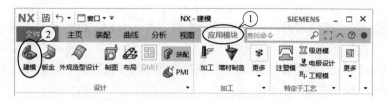

图 1-5　进入建模环境的步骤

当新建或者打开一个 NX 模型文件后，将显示 NX 的工作界面，如图 1-6 所示，包括快速访问工具条、功能区、上边框条、标签区、左边框条、资源条、图形窗口、提示 / 状态行等几个区域。

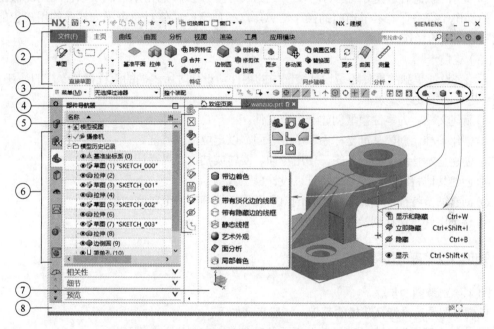

图 1-6　NX 工作界面
①—快速访问工具条；②—功能区；③—上边框条；④—标签区；
⑤—左边框条；⑥—资源条；⑦—图形窗口；⑧—提示 / 状态行

① 快速访问工具条。快速访问工具条的左侧显示了常用的命令，例如保存、撤销、重做、剪切、复制、粘贴和窗口等。工具条的中间显示了 NX 的模块信息，如显示"NX- 建模"，则表示当前处于 NX 建模模块中。

② 功能区。功能区汇集了应用程序中常用的命令，这些命令以选项卡和组的方式分类显示。如在"NX- 建模"模块中包括"文件""主页""曲线""曲面""分析""视图""渲染""工具"和"应用模块"选项卡。在每个选项卡内还包括多个组，如在"主页"选项卡中包括"直接草图""特征""同步建模"等组。在每个组内还包括多个命令，如在"特征"组

内包括"基准平面""拉伸""孔""边倒圆"等命令。

③ 上边框条。上边框条包括"菜单""选择选项"和"视图"等命令或选项。"菜单"项包括"文件""编辑""插入""格式""首选项"和"帮助"等菜单，每个菜单下又包括多个命令。"选择选项"包括"选择范围""选择意图"和"捕捉点"等工具，使用这些工具可以限制选择的范围和对象的类型。"视图"包括"查看对象""视图方向""渲染样式"和"显示隐藏"等命令。

④ 标签区。标签区显示当前已经打开的模型文件的名称，以便用户在各个窗口间进行切换。

⑤ 左边框条。左边框条根据用户之前的操作，显示经常使用的一些命令，如"退出""拉伸""孔""圆角"和"视图"等命令。

⑥ 资源条。资源条为用户提供了一种快捷的操作导航工具，包括导航器和资源板，如装配导航器、部件导航器、重用库、历史记录、加工向导、角色和系统场景等选项卡。

⑦ 图形窗口。图形窗口是主要的工作视图区域，所有的操作和结果都显示在这个区域，该区域还包括当前的零件模型、基准坐标系和视图三重轴等信息。

⑧ 提示/状态行。提示行显示了该如何进行下一步操作的指示信息，以便用户能做出进一步的操作。状态行显示了当前的操作信息，这些信息能够使对命令不太熟悉的用户也能够顺利完成相关的操作。

（3）建模步骤

不论是设计单独的零件还是设计装配中的零件，设计时所遵循的流程都是一样的。在 NX 中设计零件的主要步骤如下：

① 新建文件。为零件模型创建一个空文件。

② 创建基准。创建基准坐标系和基准平面，以定位模型特征。

③ 创建基本特征。绘制草图，使用拉伸、回转或扫掠等以设计基本特征。

④ 创建其他特征。添加其他特征以设计模型。

⑤ 创建细节特征。添加边倒圆、倒斜角和拔模等细节特征以完成模型。

⑥ 保存文件。保存创建的模型文件。

知识 1.2 草图环境

（1）绘制草图的步骤

绘制草图是三维特征建模的基础，一般步骤如下：

① 执行"草图"命令，选择草图平面及其参考方向，进入草图环境。

② 绘制草图几何图形。

③ 添加、修改或删除约束。

④ 根据设计意图标注尺寸。

⑤ 完成草图，退出草图环境。

（2）草图命令

◎命令作用。"草图"命令用于通过指定一个草图平面和草图原点进入草图环境。绘制草图需要进入草图环境，完成草图应退出草图环境。

◎位于何处？在功能区，"主页"选项卡的"直接草图"组→"草图" 。

草图平面可以是现有平面，如基准坐标系的三个平面、已建的基准平面、实体或片体上的平面；也可以选择一条路径曲线，创建与该曲线垂直的平面作为草图平面。

（3）草图环境

在草图环境中，提供了绘制草图、编辑草图以及约束草图的命令。NX 1847 有两种草图环境，即直接草图环境和草图任务环境。

① 直接草图环境。在"主页"选项卡的"直接草图"组中单击"草图" ，指定一个草图平面后，即进入直接草图环境，如图 1-7 所示。

在直接草图环境中，用于创建草图最基本的命令显示在"主页"选项卡的"直接草图"组中，更多的高级命令则包含在"更多"中，如图 1-7 中序号①所示内容。在直接草图环境中，绘制草图所需的鼠标单击次数更少，使得创建和编辑草图更方便、更快速。

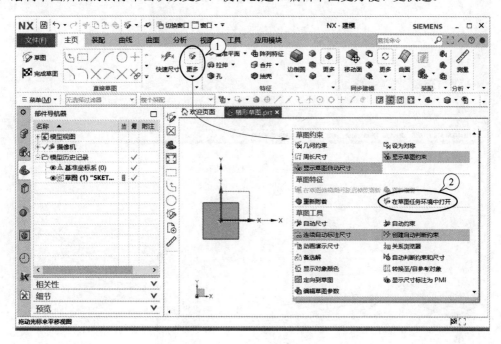

图 1-7 直接草图环境

② 草图任务环境。在直接草图环境中，在"主页"选项卡的"直接草图"组中选择"更多"→"在草图任务环境中打开" ，如图 1-7 中序号①～②所示，进入草图任务环境，如图 1-8 所示。

在草图任务环境中，所有命令被分成多个组显示在功能区中，使之更易于访问。

从 NX 2206 版本开始，取消了直接草图环境，只有草图任务环境，所以学习者应熟悉在草图任务环境中绘制草图。

（4）定向视图到草图

◎命令作用。"定向视图到草图"命令用于将草图重新定向到草图视向。进入草图环境后，视向沿 Z 轴向下，以便于查看草图平面，这就是草图视向。但绘制草图时，经常会出现草图视向发生改变的状况，如图 1-9（a）所示。此时，可使用"定向视图到草图"命令将草图定向到草图视向，如图 1-9（b）所示。

◎位于何处？在图形窗口的空白区域单击鼠标右键，从快捷菜单中选择"定向视图到草图" ；或按住鼠标右键，将光标移动至推断式快捷工具条的"定向视图到草图" 上。

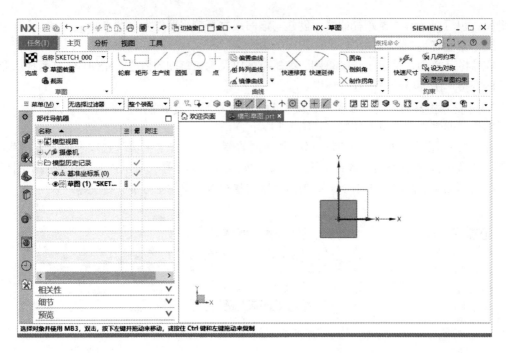

图 1-8 草图任务环境

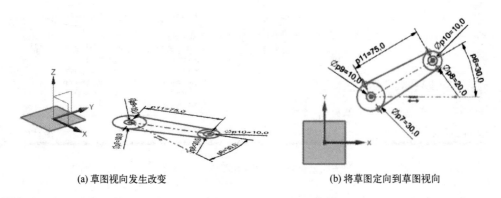

(a) 草图视向发生改变   (b) 将草图定向到草图视向

图 1-9 "定向视图到草图"命令应用示例

知识 1.3 草图曲线命令

（1）轮廓

◎命令作用。"轮廓"命令用于以直线或圆弧方式连续绘制草图曲线。当需要绘制的草图对象是直线和/或圆弧首尾相接的曲线时，如图 1-10 所示，即上一条曲线的终点是下一条曲线的起点，可以使用该命令快速绘制。

图 1-10 "轮廓" 命令应用示例

◎位于何处？在功能区，"主页"选项卡的"直接草图"组→"轮廓" 。

默认情况下，"轮廓"命令处于"直线"模式，若要由"直线"模式切换到"圆弧"模式，可按住鼠标左键拖动光标。创建圆弧后，切换回"直线"模式。要创建连续的圆弧，可双击"圆弧"模式。

（2）偏置曲线

◎命令作用。"偏置曲线"命令用于将草图曲线按照指定的方向偏置指定的距离，从而复制出一条新的曲线，如图 1-11 所示。偏置的曲线与原草图曲线具有关联性，并自动创建偏置约束。当对原草图曲线进行修改时，所偏置的曲线也将发生相应的变化。

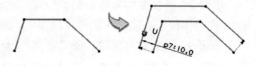

图 1-11　"偏置曲线"命令应用示例

◎位于何处？在功能区，"主页"选项卡的"直接草图"组→"偏置曲线" 。

（3）快速尺寸

◎命令作用。"快速尺寸"命令用于标注草图曲线的尺寸，以设置尺寸约束。

◎位于何处？在功能区，"主页"选项卡的"直接草图"组→"快速尺寸" 。

（4）几何约束

◎命令作用。"几何约束"命令用于为草图曲线设置几何约束，如单条直线的水平、竖直约束，两条直线的平行、垂直约束，以及两圆弧的同心、相切、等半径等约束。

◎位于何处？在功能区，"主页"选项卡的"直接草图"组→"更多"→"几何约束" 。

利用"快捷工具条"也可以设置几何约束，而且该方法更快速更方便。但当约束对象容易误选时，可使用"几何约束"命令。

📨 项目实施

任务 1.1　新建 NX 文件

步骤 1：执行"新建"命令。 在"主页"选项卡中单击"新建" ，或在"文件"选项卡中单击"新建" ，弹出"新建"对话框，如图 1-12 所示。

新建 NX
文件

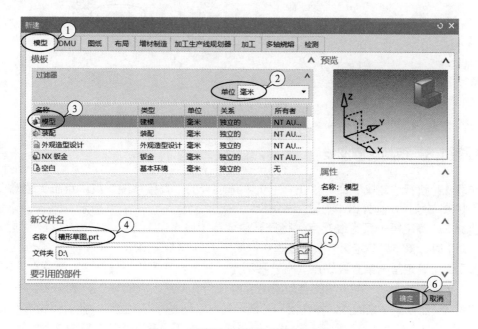

图 1-12　"新建"对话框与新建文件步骤

步骤 2：选择文件模板。在"新建"对话框中选择"模型"选项卡，设置"单位"为"毫米"，在"模板"列表框中选择"模型"，如图 1-12 序号①~③所示。

步骤 3：输入文件名称。在"名称"框中输入"槽形草图 .prt"，如图 1-12 序号④所示。

步骤 4：指定保存路径。单击"文件夹"框后面的"打开" ，如图 1-12 序号⑤所示，弹出"选择目录"对话框（略），然后选择 D 盘作为文件保存的位置。

步骤 5：结束新建命令。单击"确定"，如图 1-12 序号⑥所示，完成文件的新建，并显示 NX 工作界面。

> 💡 **提示**：NX 10 之前的版本不支持中文文件名和存储路径，但 NX 10 及其之后的版本已经支持，所以这里使用中文的文件名和路径。

任务 1.2　进入草图环境

进入草
图环境

步骤 1：执行"草图"命令。在"主页"选项卡的"直接草图"组中单击"草图" ，如图 1-13 序号①所示，弹出"创建草图"对话框。

步骤 2：设置草图类型。在"创建草图"对话框中，设置草图类型为"在平面上"、"平面方法"为"自动判断"，如图 1-13 序号②~③所示，其他参数保持默认值。

步骤 3：选择草图平面。在图形窗口，选择基准坐标系的 XY 平面作为草图平面，如图 1-13 序号④所示。

绘制轮廓
曲线

步骤 4：进入草图环境。单击"确定"，如图 1-13 序号⑤所示，进入直接草图环境，草图视向变为沿 Z 轴向下。

图 1-13　"创建草图"对话框与创建草图步骤

任务 1.3　绘制轮廓曲线

步骤 1：执行"轮廓"命令。在"主页"选项卡的"直接草图"组中单击"轮廓" ⬚，如图 1-14 序号①所示，弹出"轮廓"对话框。

步骤 2：确定第一条直线起点。将光标移至草图原点左上方，当"XC、YC"框显示为"-80，50"时，单击以确定第一条直线起点，如图 1-14 序号②所示。

步骤 3：确定第一条直线终点。向右移动光标，出现水平约束辅助线，当移至草图 Y 轴右侧时，单击以确定第一条直线终点，如图 1-14 序号③所示，完成第一条直线的绘制。

步骤 4：绘制第一条圆弧。按住鼠标左键，向右拖动光标产生圆弧，此时"轮廓"命令由"直线"模式切换至"圆弧"模式。松开鼠标左键，向右下方移动光标至草图 X 轴下方，当出现竖直辅助线且指示与圆弧起点对齐时，单击以完成圆弧的绘制，如图 1-14 序号④所示。

　　步骤 5：绘制第二条直线。第一条圆弧绘制完成后，"轮廓"命令切换回"直线"模式。向左移动光标产生直线，当出现竖直辅助线且指示与第一条直线起点水平对齐时，单击以完成第二条直线的绘制，如图 1-14 序号⑤所示。

　　步骤 6：绘制第二条圆弧。按住鼠标左键，向左拖动光标产生圆弧，"轮廓"命令切换至"圆弧"模式。松开鼠标左键，向左上方移动光标，选择第一条直线起点，单击以完成第二条圆弧的绘制，如序号⑥所示。

　　步骤 7：结束"轮廓"命令。按键盘"Esc"键或单击鼠标中键，完成草图的绘制。

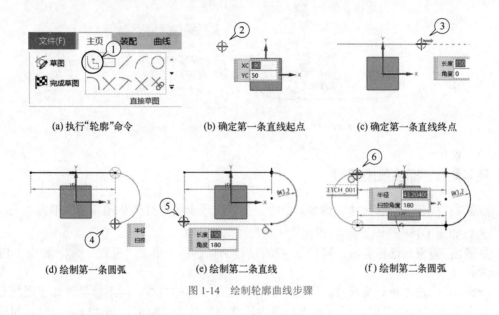

(a) 执行"轮廓"命令　　　　(b) 确定第一条直线起点　　　　(c) 确定第一条直线终点

(d) 绘制第一条圆弧　　　　(e) 绘制第二条直线　　　　(f) 绘制第二条圆弧

图 1-14　绘制轮廓曲线步骤

设置几何
约束

任务 1.4　设置几何约束

　　步骤 1：约束直线"水平"。在图形窗口中选择未水平的直线，然后在快捷工具条中单击"水平" ——，如图 1-15 序号①～②所示，则这条直线被约束为水平，并显示"水平"约束符号。如直线已水平，可忽略此步骤。

　　💡 **提示**：选择约束对象后，如果未看到快捷工具条（未显示或消失），可用鼠标右键单击（简称右击）选定的对象之一，即可显示快捷工具条。

　　步骤 2：约束圆心在坐标轴上。在图形窗口中依次选择圆弧圆心、草图 X 轴，在快捷工具条中单击"点在曲线上" ┆，如图 1-16 序号①～③所示，则圆心被约束在坐标轴上。

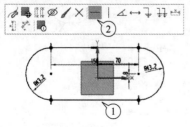

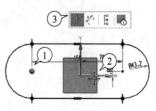

图 1-15　约束直线"水平"　　　　　　　图 1-16　约束"点在曲线上"

步骤 3：约束草图原点与直线"中点对齐"。 在图形窗口中依次选择草图原点、直线，在快捷工具条中单击"中点"，如图 1-17 序号①~③所示，则草图原点与直线"中点对齐"。

💡 **提示：** 可使用"快速拾取"对话框来选择草图原点。方法是将光标放置于草图原点附近区域并停留片刻，光标下方将出现三个小点，此时进入"快速拾取"模式，单击则打开"快速拾取"对话框，在对话框列表中选择"草图原点"，如图 1-17 序号④所示。

标注草图
尺寸

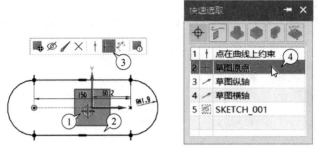

图 1-17 约束"中点对齐"与"快速选取"对话框

任务 1.5 标注草图尺寸

步骤 1：执行"快速尺寸"命令。 在"主页"选项卡的"直接草图"组中单击"快速尺寸"，如图 1-18 序号①所示，弹出"快速尺寸"对话框。

步骤 2：重置对话框参数（可选）。 在对话框的标题栏中单击"重置"，如图 1-18 序号②所示。

步骤 3：标注水平长度尺寸。 在图形窗口中选择下部的直线，向下移动光标出现尺寸文本，在合适位置单击以定位尺寸文本，再将尺寸值更改为"84.4"，按"Enter"键，如序号③~⑤所示。

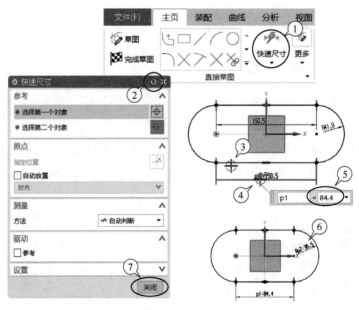

图 1-18 "快速尺寸"对话框与标注尺寸步骤

步骤 4：标注半径尺寸。在图形窗口中选择圆弧曲线，移动光标至合适位置单击以定位尺寸文本，或双击 NX 自动标注的半径尺寸，再将尺寸值更改为"36.5"，按"Enter"键，如图 1-18 序号⑥所示。此时，在状态栏显示"草图已完全约束"。

步骤 5：结束"快速尺寸"命令。单击"关闭"，如图 1-18 序号⑦所示，完成尺寸的标注。

任务 1.6　绘制偏置曲线

绘制偏置曲线

步骤 1：执行"偏置曲线"命令。在"主页"选项卡的"直接草图"组中单击下拉菜单显示"更多曲线"，选择"偏置曲线" ，如图 1-19 序号①~②所示，弹出"偏置曲线"对话框。

步骤 2：选择要偏置的曲线。在上边框条"选择意图"工具中选择"相连曲线"，如图 1-19 序号③所示，在图形窗口中选择之前绘制的轮廓曲线，如图 1-19 序号④所示，则显示偏置曲线预览结果。

步骤 3：设置偏置距离和方向。在对话框的"偏置"组中设置"距离"为"12.2"，如图 1-19 序号⑤所示。确认偏置方向指向外侧，如方向与预期不一致，可在对话框的"偏置"组中单击"反向" 以反转偏置方向。

步骤 4：结束"偏置曲线"命令。单击"确定"，如图 1-19 序号⑥所示，完成偏置曲线的绘制。

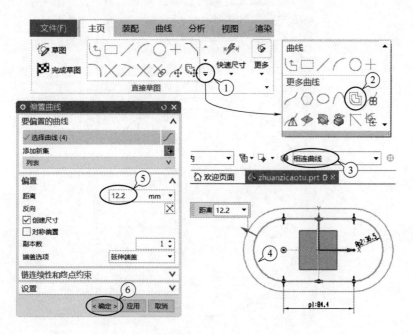

退出草图环境和保存 NX 文件

图 1-19　"偏置曲线"对话框与偏置曲线步骤

任务 1.7　退出草图环境

在"主页"选项卡的"直接草图"组中单击"完成草图" ，退出草图环境。

任务 1.8 保存 NX 文件

步骤 1：保存文件。 在快速访问工具条中单击"保存"🖫，或在"文件"选项卡中选择"保存"→"保存"，将保存该文件。若打开保存目录，可以看到"槽形草图 .prt"文件。

步骤 2：关闭文件。 在图形窗口上方的标签区，单击"槽形草图 .prt"后的"关闭"**✕**，将关闭该文件。

 拓展提高

★应用"2D 截面库"绘制草图

在"重用库"的"2D 截面库"中提供了常用的草图曲线，如图 1-20 所示。在草图模式下，拖动"2D 截面库"中的草图曲线至图形窗口，再设置约束（包括标注尺寸），可以快速绘制草图。

◎位于何处？在资源条，"重用库"→"2D Section Library"→"Metric"。

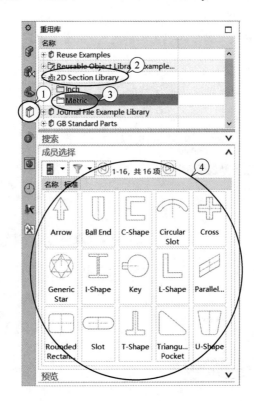

图 1-20 "2D 截面库"中的草图曲线

✏ 课后练习

绘制附录图库中附图 1 和附图 2 所示草图。

 学海导航

工业软件行业状况

★工业软件的重要地位

工业软件（industrial software）是指在工业领域应用的软件，其中的 CAD（computer aided design，计算机辅助设计）、CAE（computer aided engineering，计算机辅助工程）和 CAM（computer aided manufacturing，计算机辅助制造）等核心技术软件已经成为现代工业体系的神经中枢，驱动着设计、分析和制造的全流程，是实现更高精度、更高效能和更自动化生产的基础。在全球化竞争加剧的今天，自主掌控工业软件技术对于国家整体工业水平提升及可持续发展具有无法估量的战略意义。

CAD/CAM 软件是工业创新设计与仿真分析的核心工具，在我国制造业转型升级过程中发挥着重要作用。而设计是制造的基础，没有先进的设计技术支撑，就没有先进的制造业。随着计算机及相关技术的发展，三维 CAD 技术以其直观、高效、准确、便捷、符合设计思维模式等优势，日益广泛地应用于机械、汽车、电子、航空航天、仪器仪表等领域，引发了产品设计制造方式及生产组织模式的深刻变革，其成为提高产品质量和性能、缩短产品设计研发周期、增强企业市场竞争力的核心技术。

项目 2

绘制菱形草图

本项目通过绘制菱形草图（图2-1）达到如下学习目的：

☆掌握"直线""圆""圆弧""快速修剪""快速延伸""制作拐角"等草图曲线命令的使用。

☆掌握"设为对称""几何约束"（等半径）等草图约束命令的使用。

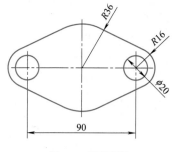

图 2-1　菱形草图

项目分析

　　菱形草图由直线、圆弧和圆组成，其中圆弧和直线相切，且关于坐标轴对称。绘制该草图的思路是：先使用"圆""直线"命令绘制三个圆和四条相切线，如图2-2（a）所示；再对圆进行修剪并标注尺寸，如图2-2（b）、（c）所示；最后绘制两个小圆，如图2-2（d）所示。

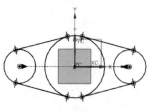

(a)绘制三个圆和四条相切线

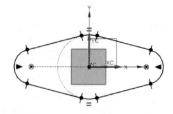

(b)修剪圆

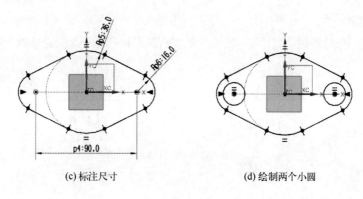

(c) 标注尺寸　　　　　　　　　　(d) 绘制两个小圆

图 2-2　菱形草图的绘制思路

🌱 相关知识

知识　草图曲线命令

（1）直线

◎命令作用。"直线"命令用于绘制单条直线。与"轮廓"命令绘制直线不同，使用"直线"命令每绘制一条直线都需指定两个点。

◎位于何处？在功能区，"主页"选项卡的"直接草图"组→"直线" ▱ 。

（2）圆

◎命令作用。"圆"命令用于绘制圆形，有"中心点和直径""圆上两点和直径"两种方法，如图 2-3 所示。

◎位于何处？在功能区，"主页"选项卡的"直接草图"组→"圆" ▢ 。

（3）圆弧

◎命令作用。"圆弧"命令用于绘制圆弧曲线，有"三点""中心和端点"两种方法，如图 2-4 所示。

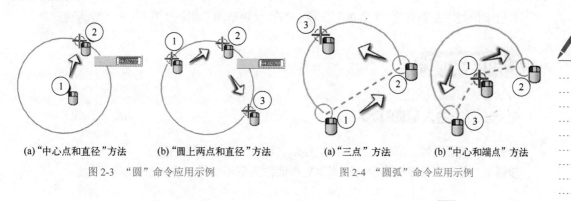

(a)"中心点和直径"方法　　(b)"圆上两点和直径"方法　　(a)"三点"方法　　(b)"中心和端点"方法

图 2-3　"圆"命令应用示例　　　　　　　图 2-4　"圆弧"命令应用示例

◎位于何处？在功能区，"主页"选项卡的"直接草图"组→"圆弧" ◠ 。

（4）快速修剪

◎命令作用。"快速修剪"命令用于在任意方向将线修剪至最近的交点或选定的边界，如图 2-5 所示。如果曲线没有交点，则将其删除。边界是可选项，若不选边界，则所有可选择的

曲线都被当作 边界。

◎位于何处？在功能区，"主页"选项卡的"直接草图"组→"快速修剪" 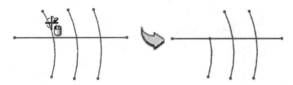。

图 2-5 "快速修剪"命令应用示例

（5）快速延伸

◎命令作用。"快速延伸"命令用于在任意方向将曲线延伸至最近的交点或选定的边界，如图 2-6 所示。边界是可选项，若不选边界，则所有可选择的曲线都被当作边界。

◎位于何处？在功能区，"主页"选项卡的"直接草图"组→"快速延伸" 。
（6）制作拐角

◎命令作用。"制作拐角"命令用于将两条选定的曲线延伸和 / 或修剪到一个公共交点来创建拐角，如图 2-7 所示。

进入草
图环境

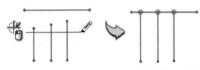

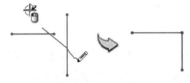

图 2-6 "快速延伸"命令应用示例   图 2-7 "制作拐角"命令应用示例

绘制三
个圆

◎位于何处？在功能区，"主页"选项卡的"直接草图"组→"制作拐角" 。

💡 **提示**：使用"快速修剪""快速延伸"和"制作拐角"命令时，可以选择单条曲线进行修剪 / 延伸，也可以按住鼠标左键拖过多条曲线以同时修剪 / 延伸这些曲线。

（7）设为对称

◎命令作用。"设为对称"命令用于约束两个点或两条曲线关于中心线对称并建立对称约束。

◎位于何处？在功能区，"主页"选项卡的"直接草图"组→"更多"→"设为对称" 。

📨 项目实施

任务 2.1　进入草图环境

步骤 1：新建文件。新建一个 NX 文件，名称为"菱形草图 .prt"。
步骤 2：进入直接草图环境。选择 XY 平面作为草图平面，进入直接草图环境。

任务 2.2　绘制三个圆

（1）绘制圆
步骤 1：执行"圆"命令。在"主页"选项卡的"直接草图"组中单击"圆" ，如图

2-8 序号①所示，弹出"圆"对话框。

步骤 2：选择绘圆方法。 在对话框的"圆方法"组中选择"圆心和直径定圆" ⊙，如图 2-8 序号②所示。

步骤 3：绘制中间的圆。 将光标移至草图原点处，当出现"现有点" ┼ 时，单击以选择草图原点作为圆心；移动光标出现圆，当"直径"框显示约为"70"时，单击以完成圆的绘制，如序号③～④所示。

> 💡提示：在绘制草图时，第一个图形的尺寸尽量和实际尺寸接近，或者绘制后先标注尺寸以确定其实际大小，之后的图形就可以参考第一个图形的大小进行绘制，可防止图形绘制得过大或过小，以至于在标注尺寸时，图形变成意想不到的形状。

步骤 4：绘制左侧的圆。 移动光标至 Y 轴左侧并邻近 X 轴，当出现水平辅助线时，单击以确定圆心；移动光标出现圆，至合适大小时，单击以完成圆的绘制，如图 2-8 序号⑤～⑥所示。

步骤 5：绘制右侧的圆。 按照相同的方法在 Y 轴右侧绘制圆，如图 2-8 序号⑦所示。

步骤 6：结束"圆"命令。 单击鼠标中键以结束"圆"命令，完成三个圆的绘制。

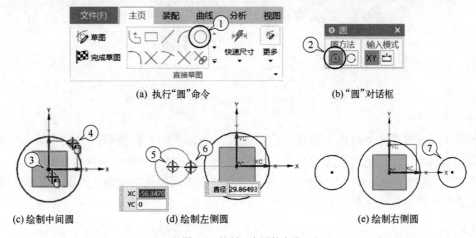

图 2-8 绘制三个圆的步骤

> 💡提示：绘制两侧的圆时，不能与中间的圆产生"相切"关系，如图 2-9 所示。

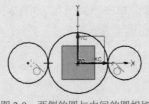

图 2-9 两侧的圆与中间的圆相切

（2）设置几何约束

步骤 1：执行"几何约束"命令。 在"主页"选项卡的"直接草图"组中单击"更多"→"几何约束" ，如图2-10序号①～②所示，弹出警示对话框（略），单击"确定"，弹出"几何约束"对话框。

步骤 2：选择约束类型。 在对话框的"约束"组中选择"点在曲线上" ，如图 2-10 序号③所示。

步骤3：选择要约束的对象。在图形窗口，选择左右两个圆的圆心，如图 2-10 序号④~⑤所示。

步骤4：选择要约束到的对象。在对话框的"要约束的几何体"组中单击"选择要约束到的对象"使其处于激活状态，如图 2-10 序号⑥所示，或单击鼠标中键使激活状态由"要约束的几何体"切换至"选择要约束到的对象"。在图形窗口，选择草图 X 轴，如图 2-10 序号⑦所示，则两个圆的圆心被约束到草图的 X 轴上。

步骤5：结束"几何约束"命令。单击"关闭"，如图 2-10 序号⑧所示，完成几何约束的设置。

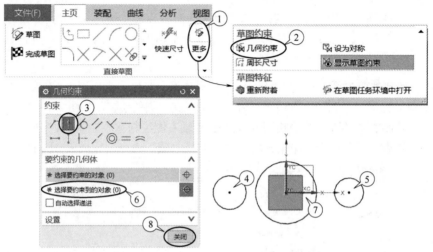

图 2-10 "几何约束"对话框与设置几何约束的步骤

（3）设置对称约束

步骤1：执行"设为对称"命令。在"主页"选项卡的"直接草图"组中单击"更多"组→"设为对称" ，如图 2-11 序号①~②所示，弹出"设为对称"对话框。

步骤2：选择约束对象。在图形窗口中分别选择左右两侧的圆作为主约束对象和次约束对象，如图 2-11 序号③~④所示。

> 💡 提示：要选择圆弧，切勿选择圆心。

步骤3：选择对称中心线。在图形窗口中选择草图 Y 轴，如图 2-11 序号⑤所示，则两个圆被约束为关于 Y 轴对称。

步骤4：结束"设为对称"命令。单击"关闭"，如图 2-11 序号⑥所示，完成对称约束设置。

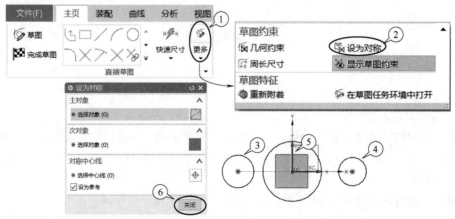

图 2-11 "设为对称"对话框与设置对称约束的步骤

任务 2.3　绘制相切直线

步骤 1：执行"直线"命令。 在"主页"选项卡的"直接草图"组中单击"直线" ，如图 2-12 序号①所示，弹出"直线"对话框。

步骤 2：确定直线起点。 将光标移至左侧圆的圆弧处，当出现"点在曲线上" 时，单击以确定直线的起点，如图 2-12 序号②所示。

步骤 3：确定直线终点。 移动光标至中间圆的圆弧处，当出现"相切" 和"点在曲线上" 时，单击以确定直线终点，如图 2-12 序号③所示。

> 💡 **提示：** 直线的起点和终点须在圆弧上，切勿选择圆心。

步骤 4：绘制其他直线。 按照相同的方法，绘制其他三条相切直线，如图 2-12 序号④～⑥所示。

步骤 5：结束"直线"命令。 单击鼠标中键，结束直线的绘制。

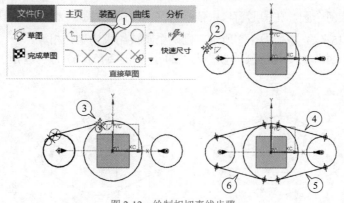

图 2-12　绘制相切直线步骤

任务 2.4　修剪多余曲线

（1）修剪曲线

步骤 1：执行"快速修剪"命令。 在"主页"选项卡的"直接草图"组中单击"快速修剪" ，如图 2-13 序号①所示，弹出"快速修剪"对话框。

修剪曲线
和标注
尺寸

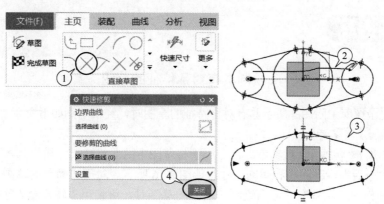

图 2-13　"快速修剪"对话框与修剪曲线步骤

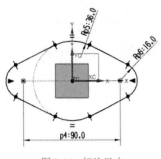

图 2-14　标注尺寸

步骤 2：选择要修剪的线。在图形窗口中拖动鼠标经过要去除的曲线，如图 2-13 序号②所示，则鼠标经过的线被修剪，如图 2-13 序号③所示。

步骤 3：结束"快速修剪"命令。单击"关闭"，如图 2-13 序号④所示，完成曲线的修剪。

（2）标注尺寸

使用"快速尺寸"命令标注圆心距为"90"、半径为"16"和"36"，如图 2-14 所示。

任务 2.5　绘制两个圆

绘制两个圆

（1）绘制两个圆

步骤 1：绘制两个圆。使用"圆"命令，以两侧圆弧的圆心为圆心绘制两个圆，如图 2-15（a）所示。

步骤 2：约束两个圆。在图形窗口中依次选择两个圆的圆弧，在快捷工具条中单击"等半径" ⌒ ，如图 2-15（a）序号①～③所示，则两个圆被约束为半径相等。

使用"快速尺寸"命令标注圆的直径为"20"，如图 2-15（b）序号④所示。

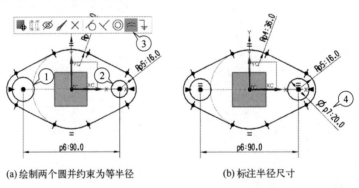

(a) 绘制两个圆并约束为等半径　　　　　　(b) 标注半径尺寸

图 2-15　绘制两个圆

（2）保存文件

退出草图环境，并保存文件（步骤略）。

拓展提高

★绘制具有对称特征的草图

绘制如附录图库中附图 5 所示具有对称特征的草图时，经常用到如下命令。

（1）转换至 / 自参考

◎命令作用。"转换至 / 自参考"命令用于将草图中的曲线或尺寸转换为参考对象，或将参考对象再次激活为活动曲线和驱动尺寸，如图 2-16 所示。对于较简单的草图，一般使用草图 X 轴、Y 轴作为绘图基准，但当绘制较复杂的草图时，可使用"转换至 / 自参考"命令将活动曲线转换为参考曲线以作为绘图基准。

◎位于何处？在绘图区选择要转换的对象，单击鼠标右键，从快捷菜单中选择"转换至 /
自参考" ，即可完成参考对象的转换。

（2）镜像曲线

◎命令作用。"镜像曲线"命令用于创建已选草图线的镜像副本，并且所创建的镜像副本
与原草图曲线具有关联性，如图 2-17 所示。当所绘制的草图对象为对称图形时，使用该命令
可以极大地提高绘图效率。

◎位于何处？在功能区，"主页"选项卡的"直接草图"组→"镜像曲线" 。

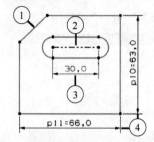

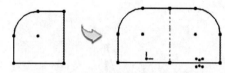

图 2-16　"转换至 / 自参考"命令应用示例　　　　图 2-17　"镜像曲线"命令应用示例

①—活动曲线；②—参考曲线；③—参考尺寸；
④—驱动尺寸

（3）阵列曲线

◎命令作用。"阵列曲线"命令用于对线和点进行线性、圆形或常规阵列来创建线，如
图 2-18 所示。

◎位于何处？在功能区，"主页"选项卡的"直接草图"组→"阵列曲线" 。

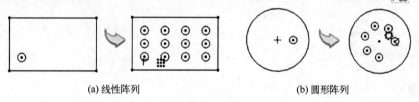

(a) 线性阵列　　　　　　　　　　　(b) 圆形阵列

图 2-18　"阵列曲线"命令应用示例

★绘制较复杂的草图

对于较复杂的草图，绘制时可将草图拆分成几个部分，例如附图 8 轮架草图可分成上、
下和右三个部分，如图 2-19（a）所示，每个部分由直线、圆和圆弧构成，比较容易绘制。之
后，再使用圆角将所有的曲线连接起来，如图 2-19（b）所示。

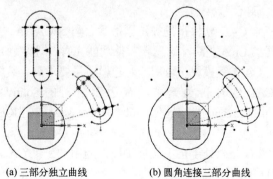

(a) 三部分独立曲线　　　　(b) 圆角连接三部分曲线

图 2-19　轮架草图的绘制思路

💡提示：特征建模时，草图应尽量简单，以便于实体特征的管理和修改。

★绘制五角星草图

五角星草图可利用草图中的"多边形"命令来绘制，如图 2-20 所示。

◎命令作用。"多边形"命令用于创建指定边数的多边形，有"内切圆半径""外接圆半径""多边形的边"三种方法。"多边形"对话框如图 2-21 所示。

◎位于何处？在功能区，"主页"选项卡的"直接草图"组→"多边形" ⬡。

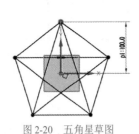

图 2-20 五角星草图

图 2-21 "多边形"对话框

💡提示："旋转"参数可控制多边形某一角点与草图 X 轴的夹角。

✎ 课后练习

绘制附图 3、附图 5 和附图 8 所示草图。

📚 学海导航

工业软件行业状况

★国内外常用三维 CAD 软件

目前，国外高端三维 CAD 软件市场被法国达索公司的 CATIA、德国西门子公司的 NX 以及美国参数技术公司的 Creo 垄断，这三款软件功能完善、性能稳定、建模精度高，且集成了专业配套的 CAE、CAM 等模块，可用于对建模质量要求高、装配体量大的场合。

国外中端三维 CAD 软件种类繁多，有达索公司的 SolidWorks、西门子公司的 SolidEdge、欧特克公司的 Inventor 和 Fusion 360、Kubotek 公司的 KeyCreator、McNeel 公司的 Rhino3D 等。

我国三维 CAD 软件行业尚处于自主发展阶段，通用的三维 CAD 软件有中望、CAXA、浩辰 3D、华天、Nex3D 等。

项目 3

创建弯座模型

学习目标

特征建模是三维建模最基础、最主要的方法，通常先使用拉伸、旋转、扫掠等命令将二维截面线创建为实体模型，再使用边倒圆、倒斜角、孔、抽壳和拔模等命令在已有实体模型上创建圆角、倒角、孔、壳体和拔模斜度等特征。

本项目通过创建弯座模型（图 3-1）达到如下学习目的：

☆掌握"矩形""草图点""圆角"等草图曲线命令的使用。

☆掌握"拉伸""边倒圆""孔"等特征建模命令的使用。

☆掌握"合并""减去""相交"等布尔命令的使用。

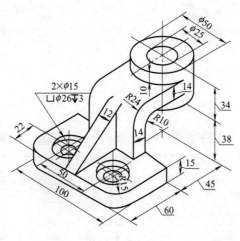

图 3-1 弯座模型

项目分析

弯座模型去掉所有的孔和底板上的圆角后，可拆分成四个部分，而且每个部分都是等截面的实体，如图 3-2 所示。对于等截面的实体，可使用"拉伸"命令来创建，之后再使用"边倒圆"命令创建底板圆角、使用"孔"命令创建各孔。

图 3-2　弯座模型的建模思路

🌱 相关知识

知识 3.1　草图曲线命令

（1）矩形

◎命令作用。"矩形"命令用于绘制矩形草图曲线，有"按 2 点""按 3 点""从中心"三种方法，既可以绘制与草图坐标轴方向平行的矩形，也可以绘制与草图坐标轴方向成一定角度的矩形，如图 3-3 所示。

◎位于何处？在功能区，"主页"选项卡的"直接草图"组→"矩形" □。

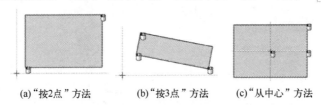

(a)"按2点"方法　　(b)"按3点"方法　　(c)"从中心"方法

图 3-3　"矩形"命令应用示例

（2）点

◎命令作用。"点"命令用于在草图中创建一个或多个点。如果在草图平面以外选择点，则将该点投影到草图平面中。在草图环境中，确定孔的位置点时常使用该命令。

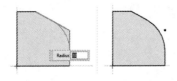

图 3-4　"圆角"命令应用示例

◎位于何处？在功能区，"主页"选项卡的"直接草图"组→"点" ⊞。

（3）圆角

◎命令作用。"圆角"命令用于在两条或三条曲线之间创建一个圆角，如图 3-4 所示，有"修剪""取消修剪"两个选项，用于决定是否修剪圆角的边界。

◎位于何处？在功能区，"主页"选项卡的"直接草图"组→"圆角" ⬠。

知识 3.2　特征建模命令

（1）拉伸

◎命令作用。"拉伸"命令用于将截面线沿指定的矢量方向拉伸到某一指定位置来创建实体或片体，如图 3-5 所示。

　　◎位于何处？在功能区，"主页"选项卡的"特征"组→"拉伸" 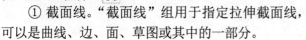。

图 3-5　"拉伸"命令应用示例

　　① 截面线。"截面线"组用于指定拉伸截面线，可以是曲线、边、面、草图或其中的一部分。

　　② 方向。"方向"组用于指定拉伸方向，默认情况下是截面线所在平面的法向，即与截面线所在平面垂直；也可以选择与截面线所在平面成一定角度的曲线或边以定义拉伸方向。

　　③ 限制。"限制"组用于指定拉伸距离，可通过输入数值或选择某一对象来确定。有以下选项：

　　◇ "值"，通过指定数值来确定拉伸的起始和终止位置，如图 3-6（a）所示。

　　◇ "对称值"，为在截面两侧进行对称拉伸指定的距离，如图 3-6（b）所示。

　　◇ "直至下一个"，沿指定方向拉伸到下一个体，如图 3-6（c）所示。

　　◇ "直至选定"，拉伸到选定的面、基准平面或体，如图 3-6（d）所示。如果拉伸截面延伸到选定的面以外，或不完全与选定的面相交，NX 会将截面拉伸到所选面的相邻面上。如果选定的面及其相邻面仍不完全与拉伸截面相交，拉伸将失败，应尝试"直至延伸部分"选项。

　　◇ "直至延伸部分"，当截面超过所选面的边时，将拉伸特征（如果是体）修剪至该面，如图 3-6（e）所示。如果拉伸截面延伸到选定的面以外，或不完全与选定的面相交，则 NX 会尽可能将选定的面进行延伸，然后进行修剪。

　　◇ "贯通"，沿指定方向拉伸并完全贯通所有的可选体，如图 3-6（f）所示。

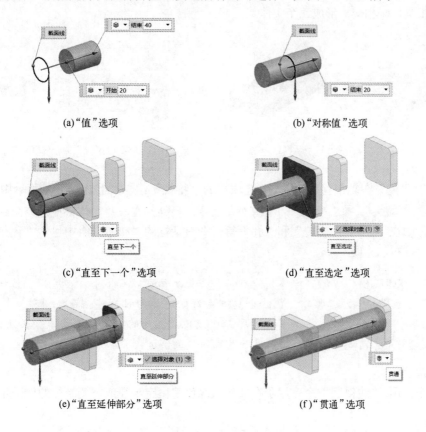

图 3-6　拉伸距离

④ 布尔。"布尔"组用于指定拉伸特征及其所接触的体之间的交互方式。有以下选项：

◇ "无"，创建独立的拉伸实体。

◇ "合并"，将拉伸空间体与目标体合并为单个体。

◇ "减去"，从目标体移除拉伸空间体。

◇ "相交"，创建一个体，这个体包含由拉伸特征和与之相交的现有体共享的空间体。

（2）"合并""减去""相交"

◎命令作用。"合并""减去""相交"命令通过对两个以上的实体进行合并、减去、相交操作，从而得到新的实体特征，用于处理多个实体特征间的相互关系。

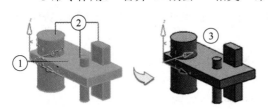

图 3-7 "合并"命令应用示例

"合并"是指将两个或多个实体并为单个实体，也可以认为是将多个实体特征叠加变成一个独立的特征，即求实体与实体之间的和集。如图 3-7 所示，将目标体①与一组工具体②相加，形成一个实体③。

"减去"是指从目标体中去除工具体，在去除的实体特征中不仅包括指定工具特征，还包括目标体与工具体相交的部分，即实体与实体之间的差集。如图 3-8 所示，将目标体①与一组工具体②求差，形成一个实体③。

"相交"是指从两个相交的实体特征中得到共有部分或者重合部分，即求实体与实体之间的交集。它与"减去"正好相反，得到的是减去材料的那一部分实体。如图 3-9 所示，目标体①和一组工具体②相交，形成三个实体③。

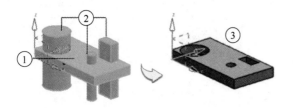 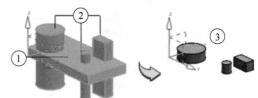

图 3-8 "减去"命令应用示例　　　　　图 3-9 "相交"命令应用示例

◎位于何处？在功能区，"主页"选项卡的"特征"组→"组合"下拉菜单中有独立的"合并" 🛢、"减去" 🔲、"相交" 🔳 等布尔命令。另外，在一些实体特征建模命令中也隐含布尔选项，如在"拉伸""旋转"和"孔"等命令对话框的"布尔"组中包含"合并""减去"和"相交"等布尔选项。

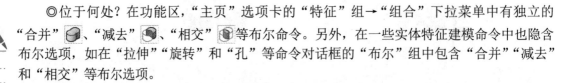

💡提示："布尔"操作中的目标体只能有一个，工具体可以有多个。在使用"拉伸"命令时，当前创建的实体为工具体，已经创建并存在的实体为目标体。在使用独立的"布尔"命令时，第一个选择的实体为目标体，第二个及以后选择的实体为工具体；而且目标体和工具体必须重叠或者有共享面，这样才会生成有效的实体。

（3）边倒圆

◎命令作用。"边倒圆"命令用于在实体边缘创建恒定半径或可变半径的倒圆角特征，如图 3-10 所示。

◎位于何处？在功能区，"主页"选项卡的"特征"组→"边倒圆" 。

（4）孔

◎命令作用。"孔"命令用于在一个或多个实体上创建简单孔、沉头孔、埋头孔或锥孔等常规孔，也可以创建螺纹孔、螺钉间隙孔，以及孔系等，如图 3-11 所示。

◎位于何处？在功能区，"主页"选项卡的"特征"组→"孔" 🔲。

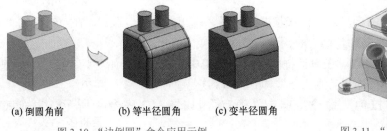

(a) 倒圆角前　　(b) 等半径圆角　　(c) 变半径圆角

图 3-10　"边倒圆"命令应用示例

图 3-11　"孔"命令应用示例

📎 项目实施

任务 3.1　创建底板

（1）新建文件

新建一个 NX 文件，名称为"弯座 .prt"。

（2）绘制矩形草图

步骤 1：进入草图环境。选择 XY 平面作为草图平面，进入草图环境。

步骤 2：执行"矩形"命令。在"主页"选项卡的"直接草图"组中单击"矩形" 🔲，如图 3-12（a）序号①所示，弹出"矩形"对话框。

步骤 3：选择矩形方法。在对话框的"矩形方法"组中选中"按 2 点"方法，如图 3-12 序号②所示。

步骤 4：草绘矩形。在草图 X 轴下方、草图 Y 轴左侧单击确定矩形的第一点，向右下方移动光标至草图 Y 轴右侧，单击确定矩形的第二点，草绘矩形如图 3-12 序号③～④所示。之后，单击鼠标中键结束"矩形"命令。

步骤 5：约束矩形草图。使用"设为对称"命令约束矩形的两条竖直边关于草图 Y 轴对称，再标注矩形尺寸，如图 3-12（b）所示。

步骤 6：退出草图环境。步骤略。

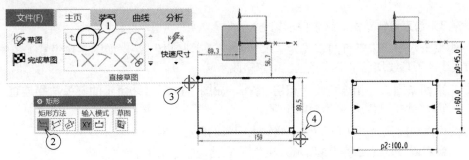

(a) 草绘底板草图　　　　　(b) 约束底板草图

图 3-12　底板草图

创建底板

（3）创建底板实体

步骤 1：执行"拉伸"命令。在"主页"选项卡的"特征"组中单击"拉伸" 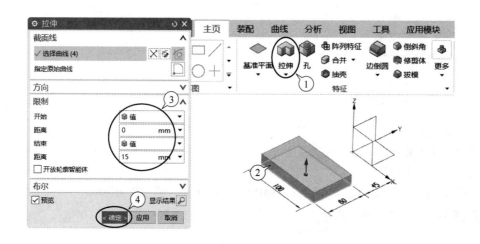，如图 3-13 序号①所示，弹出"拉伸"对话框。

步骤 2：选择草图曲线。在图形窗口中选择矩形草图，如图 3-13 序号②所示，显示拉伸预览特征。

步骤 3：设置拉伸方向。确认沿着基准坐标系 Z 轴正向拉伸。否则，在对话框的"方向"组中单击"反向" X 以反转拉伸方向。

步骤 4：设置拉伸参数。在对话框的"限制"组中，设置"开始"为"值"、"距离"为"0"、"结束"为"值"、"距离"为"15"，如图 3-13 序号③所示。

步骤 5：结束"拉伸"命令。单击"确定"，如图 3-13 序号④所示，完成底板的创建。

图 3-13 "拉伸"对话框与创建底座实体步骤

创建弯臂

任务 3.2 创建弯臂

（1）绘制弯臂草图

步骤 1：选择草图平面。选择 YZ 平面作为草图平面，进入草图环境。

步骤 2：草绘弯臂轮廓。使用"轮廓"命令，在草图 Y 轴左侧草绘弯臂轮廓，如图 3-14（a）所示。

步骤 3：约束弯臂草图。约束要求如下：

① 约束未水平、未竖直的直线为"水平" — 或"竖直" | ，如图 3-14 序号①和序号③所示的直线。若直线均已水平或竖直，可忽略此步骤。

② 约束两条圆弧与相连直线"相切" ，如图 3-14 序号②所示的圆弧与相连直线。若圆弧与相连直线均已相切，可忽略此步骤。

③ 约束两段圆弧为"同心" ◎ ，或约束圆弧的圆心"重合" 。

④ 约束右侧竖直线（序号③所示）和草图 Y 轴（序号④所示）"共线" 。

⑤ 约束中间竖直线（序号⑤所示）和底板右侧棱边（序号⑥所示）"共线" 。

⑥约束下部水平线（序号①所示）和底板上表面棱边（序号⑦所示）"共线" ⁄ 。

完成上述约束后，标注草图尺寸。弯臂草图如图 3-14（b）所示。

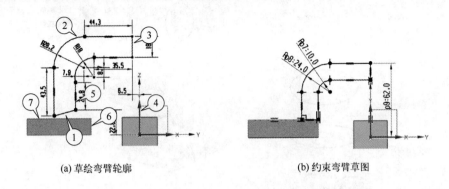

(a) 草绘弯臂轮廓　　　　　　　　　　　(b) 约束弯臂草图

图 3-14　弯臂草图

💡 **提示**：上述绘制弯臂草图的方法对于初学者较难，可采用以下两种简便方法。一是先绘制如图 3-15（a）所示的草图，再使用草图的"圆角"命令进行倒圆角，获得如图 3-14（b）所示的弯臂草图。二是将图 3-15（a）所示的草图作为截面线直接拉伸实体，如图 3-15（b）所示，再使用实体特征的"边倒圆"命令创建圆角，如图 3-15（c）所示。

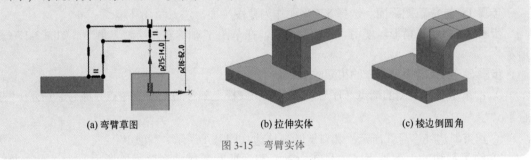

(a) 弯臂草图　　　　　　　(b) 拉伸实体　　　　　　　(c) 棱边倒圆角

图 3-15　弯臂实体

（2）创建弯臂实体

　　步骤 1：执行"拉伸"命令。在"主页"选项卡的"特征"组中单击"拉伸" 🏠，如图 3-16 序号①所示，弹出"拉伸"对话框。

　　步骤 2：选择草图曲线。在图形窗口中选择弯臂草图，如图 3-16 序号②所示，显示拉伸预览特征。

　　步骤 3：设置拉伸参数。在对话框的"限制"组中，设置"结束"为"对称值"、"距离"为"25"，如图 3-16 序号③所示。

　　步骤 4：设置布尔类型。在对话框的"布尔"组中，设置"布尔"为"合并"，如图 3-16 序号④所示，系统自动选中底板实体作为目标体。

💡 **提示**：当要创建第一个实体或创建独立实体时，设置"布尔"为"无"；当要在原实体上增加实体特征时，如创建凸台，设置"布尔"为"合并"；当要在原实体上减去实体特征时，如创建型腔，设置"布尔"为"减去"。

　　步骤 5：结束"拉伸"命令。单击"确定"，如图 3-16 序号⑤所示，完成弯臂的创建。

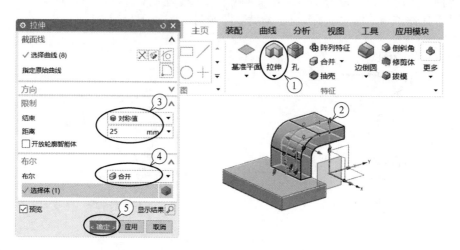

图 3-16 "拉伸"对话框与创建弯臂实体的步骤

任务 3.3 创建筋板

创建筋板

（1）绘制筋板草图

步骤 1：选择草图平面。 选择 YZ 平面作为草图平面，进入草图环境。

步骤 2：草绘三角形。 使用"轮廓"命令，在草图 Y 轴的左侧绘制三角形，如图 3-17（a）所示。

步骤 3：约束筋板草图。 约束要求如下：

① 约束水平线左侧的端点（序号①所示）和底板上部棱边的左侧端点（序号②所示）"重合" 🔲 。

② 约束斜边（序号③所示）和弯臂圆弧棱边（序号④所示）"相切" 🔲 。

③ 约束斜边的上部端点（序号⑤所示）和弯臂圆弧棱边（序号④所示）为"点在曲线上" 🔲 。

完成约束后的草图如图 3-17（b）所示。

（2）创建筋板实体

步骤 1：选择拉伸草图。 使用"拉伸"命令，选择筋板草图，保持默认的拉伸方向。

步骤 2：设置拉伸参数。 设置"开始"为"对称值"、"距离"为"6"、"布尔"为"合并"，创建筋板实体，如图 3-18 所示。

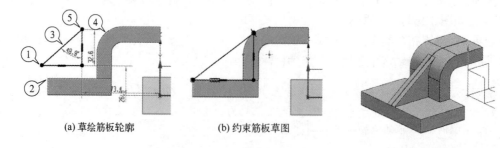

(a) 草绘筋板轮廓　　　　(b) 约束筋板草图

图 3-17 筋板草图　　　　　　　　　　　　　　　　　图 3-18 筋板实体

任务 3.4　创建圆柱

（1）绘制圆形草图

步骤 1：选择草图平面。 选择 XY 平面作为草图平面，进入草图环境。

步骤 2：绘制圆形草图。 使用"圆"命令，以草图原点为圆心，绘制直径为"50"的圆形草图，如图 3-19 所示。

（2）创建圆柱实体

使用"拉伸"命令创建圆柱实体，步骤如下：

步骤 1：选择拉伸草图。 使用"拉伸"命令，选择圆形草图，确认拉伸方向沿 Z 轴正向。

步骤 2：设置拉伸参数。 设置"开始"为"值"、"距离"为"38"、"结束"为"值"、"距离"为"38+34"、"布尔"为"合并"，创建圆柱实体，如图 3-20 所示。

创建圆柱

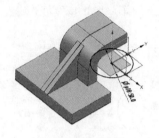
图 3-19　圆形草图

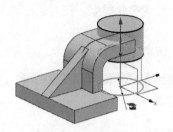
图 3-20　圆柱实体

任务 3.5　创建圆角

步骤 1：执行"边倒圆"命令。 在"主页"选项卡的"特征"组中单击"边倒圆" ，如图 3-21 序号①所示，弹出"边倒圆"对话框。

创建圆角

步骤 2：选择棱边。 选择底板两条竖直棱边，如图 3-21 序号②～③所示，并显示预览特征。

步骤 3：设置半径参数。 设置"形状"为"圆形"、"半径 1"为"15"，如图 3-21 序号④所示。

步骤 4：结束"边倒圆"命令。 单击"确定"，如图 3-21 序号⑤所示，完成圆角的创建。

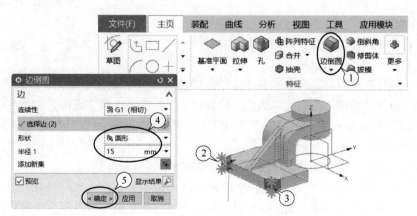
图 3-21　"边倒圆"对话框和创建圆角的步骤

创建孔

任务 3.6　创建孔

（1）创建通孔

步骤 1：执行"孔"命令。 在"主页"选项卡的"特征"组中单击"孔" ，如图 3-22 序号①所示，弹出"孔"对话框。

步骤 2：选择孔类型。 在对话框中，选择孔的类型为"常规孔"，如图 3-22 序号②所示。

步骤 3：设置孔参数。 在对话框的"形状和尺寸"组中，设置"成形"为"简单孔"、"直径"为"25"、"深度限制"为"贯通体"，如图 3-22 序号③～④所示。

步骤 4：确定孔位置。 在上边框条的"选择"工具中，确认"圆弧中心" 处于选中状态；在图形窗口中，选择圆柱上表面的棱边以选中圆心，如图 3-22 序号⑤所示，并显示孔预览特征。

步骤 5：设置布尔类型。 在对话框的"布尔"组中，确认"布尔"为"减去"，如图 3-22 序号⑥所示。

步骤 6：结束"孔"命令。 单击"确定"，如图 3-22 序号⑦所示，完成通孔的创建。

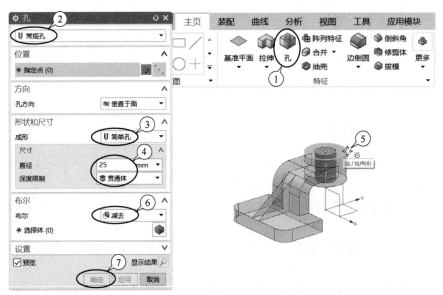

图 3-22　"孔"对话框与创建通孔的步骤

（2）创建沉头孔

步骤 1：执行"孔"命令。 在"主页"选项卡的"特征"组中单击"孔" ，如图 3-23 序号①所示，弹出"孔"对话框。

步骤 2：选择孔类型。 在对话框中，选择孔的类型为"常规孔"，如图 3-23 序号②所示。

步骤 3：设置孔参数。 在对话框的"形状和尺寸"组中，设置"成形"为"沉头"、"沉头直径"为"26"、"沉头深度"为"3"、"直径"为"15"、"深度限制"为"贯通体"，如图 3-23 序号③～④所示。

步骤 4：确定孔位置。 在草图环境中确定孔的位置，具体过程如下：

首先，进入草图环境。在对话框的"位置"组中单击"草图" ，如图 3-23 序号⑤所示，弹出"创建草图"对话框（略）；在图形窗口中选择基准坐标系的原点作为草图原点，如图 3-23 序号⑥所示；再选择底板的上表面作为草图平面，如图 3-23 序号⑦所示；在"创建草图"对话框中单击"确定",进入草图环境。

其次,确定孔位置。进入草图环境后,系统自动启动"点"命令。在筋板的左右两侧单击创建两个点,再约束两点关于草图 Y 轴对称,然后标注尺寸,结果如图 3-23 序号⑧所示。

最后,退出草图环境。单击"完成"退出草图环境,返回至"孔"对话框。此时在图形窗口显示孔的预览特征,如图 3-23 序号⑨所示。

步骤 5:结束"孔"命令。单击"确定",如图 3-23 序号⑩所示,完成沉头孔的创建。

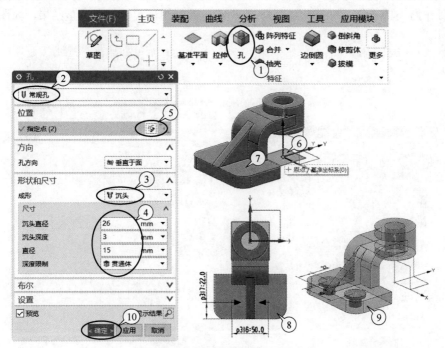

图 3-23 "孔"对话框与创建沉头孔步骤

任务 3.7　测量和显示模型

（1）测量两面之间的距离

步骤 1:执行"测量"命令。在"主页"选项卡的"分析"组中单击"测量" ![测量图标]，如图 3-24 序号①所示,弹出"测量"对话框。

步骤 2:选择测量对象。在对话框的"要测量的对象"组中选择"对象"选项,如图 3-24 序号②所示在图形窗口中选择弯座圆柱上表面,如图 3-24 序号③所示,再选择弯座底板下表面,如图 3-24 序号④所示。

步骤 3:选择矢量方向。在对话框的"要测量的对象"组中选择"矢量"选项,如图 3-24 序号⑤所示;在图形窗口中选择 Z 轴作为矢量方向,如图 3-24 序号⑥所示。此时图形窗口显示测量结果,如图 3-24 序号⑦所示。

步骤 4:结束"测量"命令。单击"应用",如图 3-24 序号⑧所示,结束两面之间距离的测量。

> 💡 **提示**:在建模零件或对零件模型进行分析时,需要获取长度、角度、体积、质量等数据信息,这时会用到"测量"命令。"测量"命令可以计算选定对象的体积、表面积、回转中心和质量等信息。

测量和显示模型

（2）测量两孔之间的距离

步骤 1：执行"测量"命令。 在"主页"选项卡的"分析"组中单击"测量"。

步骤 2：选择测量对象。 在对话框的"要测量的对象"组中选择"点"选项；在图形窗口中选择弯座圆柱上表面棱边以选中圆心，如图 3-24 序号⑨所示，再选择弯座底板沉头孔棱边以选中圆心，如图 3-24 序号⑩所示。

步骤 3：选择矢量方向。 在对话框的"要测量的对象"组中选择"矢量"；在图形窗口中选择 Y 轴作为矢量方向，如图 3-24 序号⑪所示。此时图形窗口显示测量结果，如图 3-24 序号⑫所示。

步骤 4：结束"测量"命令。 单击"确定"，完成两孔距离的测量。

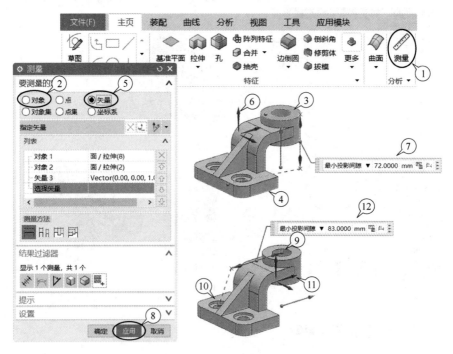

图 3-24　测量两面和两孔距离的步骤

（3）测量模型的体积和质量

步骤 1：更改模型密度。 在上边框条"菜单"项中依次选择"编辑"→"特征"→"实体密度"，弹出"指派实体密度"对话框，如图 3-25 所示；在图形窗口选择弯座模型，在对话框的"密度"组中，设置"实体密度"为"7870.000"、"单位"为"kg/m³"。

步骤 2：执行"测量"命令。 在"主页"选项卡的"分析"组中单击"测量"，弹出"测量"对话框。

步骤 3：选择测量对象。 在对话框的"要测量的对象"组中选中"对象"选项；在图形窗口中，将光标置于弯座模型上保持不动，待光标旁出现 3 个点━━时，如图 3-26 序号①所示，单击以打开"快速拾取"对话框；在列表中将光标移到"实体/拉伸"上，单击以选中弯座模型实体，如图 3-26 序号②所示。此时图形窗口显示测量结果，如图 3-26 序号③所示，体积为"186624.4868mm³"，质量为"1.4687kg"。

图 3-25　"指派实体密度"对话框

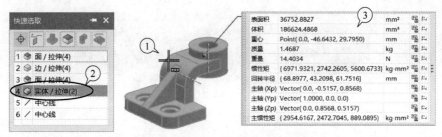

图 3-26　测量模型的体积和质量步骤

步骤 4：结束"测量"命令。单击"确定"，结束测量。

（4）调整模型显示状态

步骤 1：隐藏基准和草图。在上边框条的"视图"组中单击"显示和隐藏" ，弹出"显示和隐藏"对话框。单击"草图"和"基准"后面的"–"号，如图 3-27 序号①所示，隐藏所有草图和基准。

步骤 2：显示轴侧视图。在上边框条的"视图"组中单击"正三轴测视图"，或按 Home 键，将工作视图切换至正三轴测视图。

步骤 3：显示带边着色模型。在上边框条的"视图"组中选择"渲染样式"下拉菜单→"带边着色"，则模型以带边着色方式显示。

（5）保存文件

保存文件，步骤略。

图 3-27　"显示和隐藏"对话框

⊛ 拓展提高

★创建具有中空和拔模斜度特征的实体

创建具有拔模斜度特征的实体时使用"拉伸"或"拔模""拔模体"命令。

（1）拉伸

使用"拉伸"命令创建的实体既可以是等截面的，也可以是中空特征的或具有一定拔模角度的，如图 3-28 所示。

图 3-28　"拉伸"命令应用示例

① 设置"偏置"参数可以创建具有中空特征的实体。"偏置"组用于通过指定相对于截面的偏置值来创建不同需求的拉伸特征。可对封闭轮廓截面拉伸以创建具有中空特征的实体，如图 3-28 所示。还可对开放轮廓截面拉伸以获得实体。如对图 3-29（a）所示圆弧草图进行拉伸，如未设置偏置值将得到片体，如图 3-29(b) 所示；如果设置偏置值可得到实体，如图 3-29（c）所示。

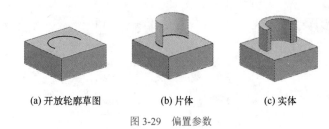

(a) 开放轮廓草图   (b) 片体   (c) 实体

图 3-29　偏置参数

② 设置"拔模"参数可以创建具有一定拔模角度的实体。"拔模"组用于将斜率（拔模）添加到拉伸特征的一侧或多侧，可以创建从拉伸截面或起始面开始，位于截面线单侧或两侧，对称或非对称的拔模，如图 3-30 所示。

对于有拔模斜度的实体，可以在使用"拉伸"命令时通过设置"拔模"参数直接创建出有拔模斜度的实体，或者使用"拔模""拔模体"命令在已有实体的基础上创建拔模斜度。

（2）拔模

◎命令作用。"拔模"命令用于在面或体上沿指定的矢量方向添加拔模斜度以修改面，如图 3-31 所示为对侧面设置指定拔模斜度。

◎位于何处？在功能区，"主页"选项卡的"特征"组→"拔模" 。

(a)"从截面"选项   (b)"从截面非对称角度"选项

图 3-30　拔模类型

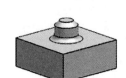 

图 3-31　"拔模"命令应用示例

（3）拔模体

◎命令作用。"拔模体"命令用于在分型对象的两侧创建匹配的双面拔模。如图 3-32（a）所示为分型对象，如图 3-32（b）所示为在分型对象的两侧匹配的双面拔模。

◎位于何处？在功能区，"主页"选项卡的"特征"组→"更多"→"拔模体" 🔷。

虽然可以使用"拔模"命令达到类似"拔模体"命令的效果，但使用"拔模"命令不能将分型对象处的面进行匹配，如图 3-32（c）所示。

(a) 分型对象   (b)"拔模体"命令应用效果   (c)"拔模"命令应用效果

图 3-32　"拔模体"命令应用示例

✏️ 课后练习

创建附录图库附图 11 和附图 14 所示模型。

 学海导航

工业软件行业状况

★达索 CATIA

CATIA 源于法国飞机制造商达索公司（Dassault Systèmes）。CATIA 在曲面造型方面的精度远胜于其他三维 CAD 软件，且在千万级零件的超大规模装配方面表现极为优异。CATIA 居世界 CAD/CAE/CAM 领域的领导地位，广泛应用于航空航天、汽车制造、造船、机械制造、电子 / 电器、消费品等行业，它的集成解决方案覆盖所有的产品设计与制造领域。

★西门子 NX

NX 源于德国西门子（Siemens）公司对美国 Unigraphics 公司（其产品称为 UG）的收购。NX 功能强大，涵盖设计、仿真、制造等众多领域，是当今应用最为广泛的大型、高端 CAD/CAE/CAM 一体化集成工业软件，广泛应用于航空、船舶、汽车、机械、电子、模具等行业。

★参数技术 Creo

美国参数技术公司（PTC）的 Creo 由最早的参数化建模软件 Pro/E 发展而来。Creo 的全参数化建模效率高、性能可靠，被广泛应用于汽车、航天航空、电子、模具、玩具和机械制造等领域。

项目 4

创建电机盖模型

本项目通过创建电机盖模型（图4-1）达到如下学习目的：

☆掌握"旋转""阵列特征"等特征建模命令的使用。

☆巩固"拉伸""边倒圆""孔"等特征建模命令的使用。

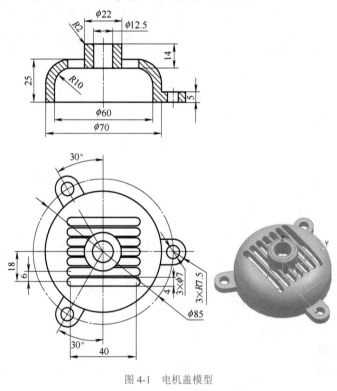

图4-1 电机盖模型

项目分析

电机盖去掉中心孔后，可分解为盖体、安装孔、散热槽和圆柱体等四个部分，如图4-2所示。盖体是一个回转壳体，可采用"旋转"命令来创建。其他部分都是等截面的实体，可使用"拉伸"命令来创建，再使用"阵列特征"命令完成阵列。

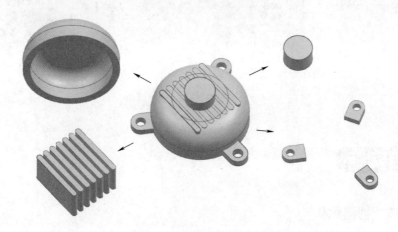

图 4-2　电机盖模型的建模思路

相关知识

知识　特征建模命令

（1）旋转

◎命令作用。"旋转"命令用于将截面线绕指定的旋转轴旋转一定的角度来创建实体或片体，如图 4-3 所示。

◎位于何处？在功能区，"主页"选项卡的"特征"组→"拉伸"下拉菜单 ⬡▾ →"旋转" ⬢。

图 4-3　"旋转"命令应用示例

"旋转"命令和"拉伸"命令有很多相似之处，不同之处在于：使用"旋转"命令，需要指定矢量以定义对象的旋转中心，指定开始角度和结束角度以定义对象的旋转范围。

（2）阵列特征

◎命令作用。"阵列特征"命令用于通过线性（即矩形）、圆形、多边形等多种阵列方式来复制所选的特征，如图 4-4 所示。

◎位于何处？在功能区，"主页"选项卡的"特征"组→"阵列特征" ⚙。

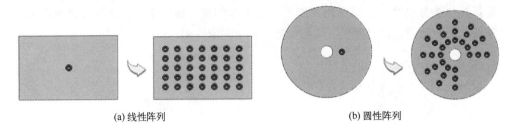

(a) 线性阵列   (b) 圆性阵列

图 4-4 "阵列特征"命令应用示例

项目实施

创建盖体

任务 4.1 创建盖体

（1）新建文件

新建一个 NX 文件，名称为"电机盖 .prt"。

（2）绘制盖体草图

步骤 1：绘制草图轮廓。选择 XZ 平面作为草图平面，使用"轮廓"命令，在草图 Y 轴的右侧草绘轮廓，如图 4-5（a）所示。

步骤 2：约束草图曲线。约束草图左侧竖直线与草图 Y 轴"共线"，约束下部水平线与草图 X 轴"共线"，约束两条圆弧"同心"。之后标注草图尺寸，如图 4-5（b）所示。

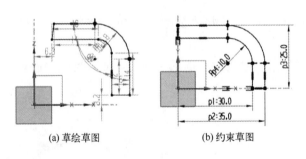

(a) 草绘草图   (b) 约束草图

图 4-5 盖体草图

（3）创建盖体

步骤 1：执行"旋转"命令。在"主页"选项卡的"特征"组中单击"拉伸"下拉菜单 →"旋转"，如图 4-6 序号①～②所示，弹出"旋转"对话框。

步骤 2：选择草图曲线。在图形窗口中选择草图曲线，如图 4-6 序号③所示。

步骤 3：指定旋转轴。在对话框的"轴"组中单击"指定矢量"使其处于激活状态，如图 4-6 序号④所示。在图形窗口中选择 Z 轴作为旋转轴，如图 4-6 序号⑤所示。

步骤 4：设置旋转参数。在对话框的"限制"组中，设置"开始"为"值"、"角度"为"0"、"结束"为"值"、"角度"为"360"，如图 4-6 序号⑥所示。

步骤 5：结束"旋转"命令。单击"确定"，如图 4-6 序号⑦所示，完成旋转体的创建。

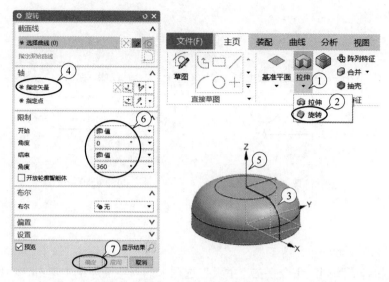

图 4-6 "旋转"对话框与创建盖体的步骤

💡 **提示**：创建盖体也可采用以下方法以简化草图形状，如图 4-7 所示。首先，绘制圆形草图，直径为"70"；之后，创建拉伸圆柱实体，厚度为"25"；然后，创建倒圆角，圆角半径为"10"；最后使用"抽壳"命令创建壳体，厚度为"5"。"抽壳"命令的使用方法见项目 7。

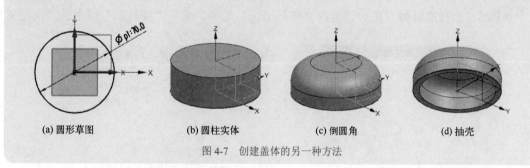

(a) 圆形草图   (b) 圆柱实体   (c) 倒圆角   (d) 抽壳

图 4-7 创建盖体的另一种方法

创建安装孔

任务 4.2 创建安装孔

（1）绘制安装孔草图

步骤 1：绘制草图轮廓。选择 XY 平面作为草图平面，使用"轮廓"和"圆"命令，在草图 Y 轴的右侧草绘轮廓，如图 4-8（a）所示。

步骤 2：约束草图曲线。约束直线为"水平" ─ 或"竖直" │ ，约束圆弧和相连直线"相切" ⌒，约束圆弧和圆"同心" ◎ （或选择二者的圆心，约束为"重合" ⸍），约束圆心在草图 X 轴上，即"点在曲线上" ╎ 。之后标注草图尺寸，如图 4-8（b）所示。

（2）创建安装孔实体

步骤 1：选择拉伸草图。使用"拉伸"命令，选择安装孔草图，确认拉伸方向沿 Z 轴正向。

步骤 2：设置拉伸参数。设置"开始"为"值"、"距离"为"0"、"结束"为"值"、"距离"为"5"，"布尔"为"合并"，创建安装孔实体，如图 4-9（a）所示。

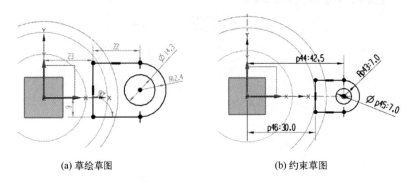

(a) 草绘草图　　　　　　　　　(b) 约束草图

图 4-8　安装孔草图

（3）创建阵列特征

步骤 1：执行"阵列"命令。在"主页"选项卡的"特征"组中单击"阵列特征" 🔩，如图 4-9 序号①所示，弹出"阵列特征"对话框。

步骤 2：选择阵列对象。在图形窗口中选择安装孔实体特征，如图 4-9 序号②所示。

步骤 3：确定阵列方式。在对话框的"阵列定义"组中，设置"布局"为"圆形"，如图 4-9 序号③所示。

步骤 4：设置阵列参数。在对话框的"阵列定义"组中，设置"间距"为"数量和跨距"、"数量"为"3"、"跨角"为"360"，如图 4-9 序号④所示。

步骤 5：选择旋转轴。在对话框的"阵列定义"组中，单击"旋转轴"组中的"指定矢

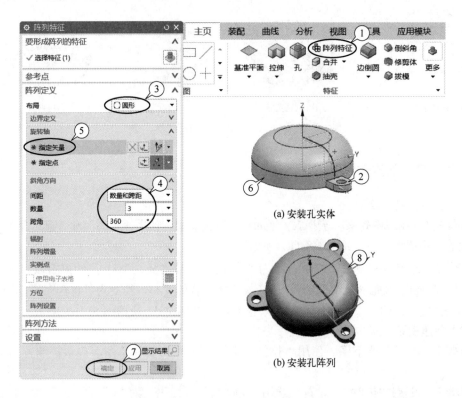

(a) 安装孔实体

(b) 安装孔阵列

图 4-9　"阵列特征"对话框与创建安装孔阵列的步骤

量"使之处于激活状态，如图 4-9 序号⑤所示；在图形窗口中选择壳体圆柱面以选中其轴线作为旋转轴，如图 4-9 序号⑥所示。

步骤 6：结束"阵列"命令。 单击"确定"，如图 4-9 序号⑦所示，完成安装孔特征的阵列。

任务 4.3　创建散热槽

创建
散热槽

（1）绘制窄槽草图

步骤 1：绘制草图轮廓。 选择 XY 平面作为草图平面，使用"轮廓"命令，在草图 X 轴的下方草绘轮廓，如图 4-10（a）所示。

步骤 2：约束草图曲线。 约束直线为"水平" ⟍，约束圆弧和相接直线为"相切" ⌀，约束两段圆弧（注意不能选择圆心）为关于草图 Y 轴"对称" ⟰。之后标注草图尺寸，如图 4-10（b）所示。

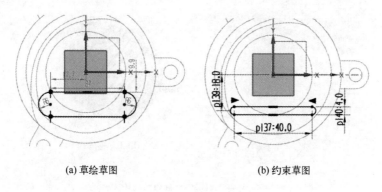

(a) 草绘草图　　　　　　　　(b) 约束草图

图 4-10　散热槽草图

（2）创建散热槽

步骤 1：选择拉伸草图。 使用"拉伸"命令，选择槽孔草图，确认拉伸方向沿 Z 轴正向。

步骤 2：设置拉伸参数。 设置"开始"为"值"、"距离"为"0"、"结束"为"贯通"、"布尔"为"减去"，创建散热槽，如图 4-11（a）所示。

（3）创建阵列特征

步骤 1：执行"阵列"命令。 在"主页"选项卡的"特征"组中单击"阵列特征" ，如图 4-11 序号①所示，弹出"阵列特征"对话框。

步骤 2：选择阵列对象。 在图形窗口中选择散热槽特征，如图 4-11 序号②所示。

步骤 3：确定阵列方式。 在对话框的"阵列定义"组中，设置"布局"为"线性"，如图 4-11 序号③所示。

步骤 4：设置阵列参数。 在对话框的"阵列定义"组中，设置"间距"为"数量和间隔"、"数量"为"7"、"节距"为"6"，如图 4-11 序号④所示。

步骤 5：选择阵列方向。 在对话框的"阵列定义"组中，单击"方向 1"组中的"指定矢量"使之处于激活状态，如图 4-11 序号⑤所示；在图形窗口中选择 Y 轴正向作为阵列方向，如图 4-11 序号⑥所示。

步骤 6：结束"阵列"命令。 单击"确定"，如图 4-11 序号⑦所示，完成散热槽的阵列。

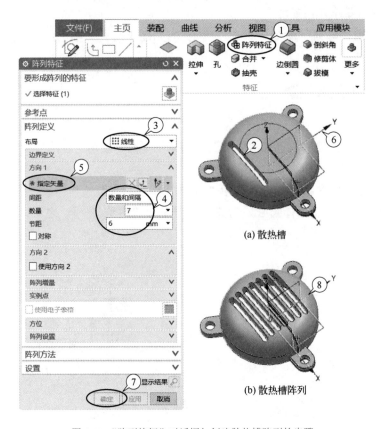

图 4-11 "阵列特征"对话框与创建散热槽阵列的步骤

创建轴孔

任务 4.4　创建轴孔

（1）绘制圆形草图

使用"圆"命令，以草图原点为圆心绘制圆形，直径为"22"，如图 4-12 所示。

（2）创建圆柱实体

步骤 1：选择拉伸草图。使用"拉伸"命令，选择圆形草图，确认拉伸方向沿 Z 轴正向。

步骤 2：设置拉伸参数。在对话框的"限制"组中设置"开始"为"直至延伸部分"在图形窗口中，选择壳体内部散热槽两侧的平面作为开始面，如图 4-13 序号①所示；设置"结束"为"值"、"距离"为"25-5+14"、"布尔"为"合并"，创建圆柱实体。

图 4-12　圆形草图　　　　　　　　　图 4-13　圆柱实体

（3）创建中间通孔

步骤 1：选择孔位置。使用"孔"命令，选择圆柱棱边以选中圆心作为孔的位置点。

步骤 2：设置孔参数。选择"常规孔"，设置"形状"为"简单孔"、"直径"为"12.5"、"深度限制"为"贯通体"，创建通孔，如图 4-14 所示。

图 4-14　孔和圆角

（4）创建轴孔圆角

使用"边倒圆"命令，选择圆柱外侧棱边，设置"半径 1"为"2"，创建圆角，如图 4-14 所示。

💡 **提示：**建模时常出现如下两个错误：一是圆柱体的起始位置未从盖体内部表面开始，如图 4-15（a）所示；二是圆柱体中间的孔未贯通，孔内留有部分实体，如图 4-15（b）所示。前者是因为创建圆柱实体时，拉伸起始位置选择有误，未选择壳体内侧的平面。后者是因为创建圆柱实体时，未在"布尔"组设置"布尔"为"合并"。

(a) 起始位置错误　　　　(b) 孔未贯通错误

图 4-15　创建轴孔常见错误

（5）保存文件

使用"测量"命令测量电机盖的体积为"32735.4846mm³"，之后隐藏基准坐标系、基准平面和草图，显示轴侧视图，然后保存文件。

★选择草图中的部分曲线创建实体

当草图比较复杂，只想从中选择部分曲线创建实体时，可在上边框条中选中"在相交处停止"，以拾取需要的曲线。

如图 4-16 所示，使用序号①所示草图创建拉伸实体，如序号②所示；可使用"曲线"规则的带有"在相交处停止"选项的"相切曲线"，当选择曲线时，相切的曲线在相交处停止，允许用户指定下一步应该如何走，直至获得序号③所示草图，进而创建实体，预览结果如序号④所示。

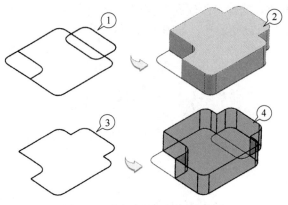

图 4-16 "在相交处停止"选项作用

课后练习

创建附录图库附图 15 所示模型。

学海导航

工业软件行业状况

★达索 SolidWorks 和西门子 SolidEdge

法国达索的 SolidWorks 和德国西门子的 SolidEdge 均是基于 Windows 平台开发的三维 CAD 软件。SolidWorks 在一般场景中的三维建模可靠且模型质量较高，并因其界面简洁、操作直观、上手容易等优势得到广泛应用。而 SolidEdge 则因其操作专业性强，不易上手，市场份额不如 SolidWorks。

★欧特克 AutoCAD、Inventor 和 Fusion 360

AutoCAD 是二维 CAD 软件，在全球广泛使用，可以用于土木建筑、装饰装修、机械制图、电子产品设计、服装加工等多个领域。

Inventor 是三维 CAD 软件，从 AutoCAD 发展而来，其优势是可持续保持二维图与三维模型的关联性。

Fusion 360 是一款基于远程服务的产品设计制造平台，基于云技术开发，集成了三维 CAD/CAE/CAM 和电子产品设计等功能。

项目 5

创建阶梯轴模型

学习目标

本项目通过创建阶梯轴模型（图5-1）达到如下学习目的：

☆掌握草图平面、草图原点的设置。

☆掌握"倒斜角"等草图曲线命令的使用。

☆掌握"基准平面""倒斜角""螺纹"等特征建模命令的使用。

☆巩固"拉伸""旋转""边倒圆""孔"等特征建模命令的使用。

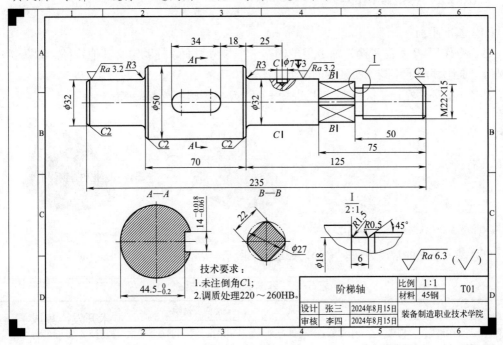

图 5-1　阶梯轴模型

项目分析

阶梯轴去掉圆角、倒角、孔、键槽、螺纹和方台等特征后为一个回转体，如图5-2所示。

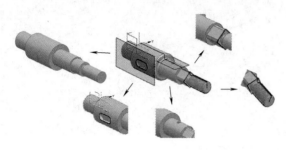

建模时，首先使用"旋转"命令来创建回转体，再依次创建轴上的其他特征。键槽和方台，使用"拉伸"命令来创建；倒角和螺纹，使用"倒斜角"和"螺纹"命令来创建。

建模的难点是在曲面上创建键槽和盲孔，这需要预先创建基准平面，并指定适合的草图方向与草图原点，以方便绘制草图。

图 5-2　阶梯轴模型的建模思路

🌱 相关知识

知识 5.1　草图曲线命令

倒斜角

◎命令作用。"倒斜角"命令用于在两条草图曲线之间的尖角处创建对称或非对称的倒角，如图 5-3 所示。

◎位于何处？在功能区，"主页"选项卡的"直接草图"组→"倒斜角" ◱ 。

知识 5.2　特征建模命令

（1）基准平面

◎命令作用。"基准平面"命令用于创建一个参考平面以辅助定义其他特征。如图 5-4 所示基准平面①和用于绘制侧面锥台的圆形草图②。

◎位于何处？在功能区，"主页"选项卡的"特征"组→"基准平面" ◈ 。

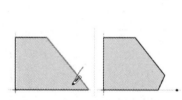

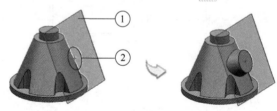

图 5-3　"倒斜角"命令应用示例　　　图 5-4　"基准平面"命令应用示例

创建基准平面的常用方法有多种，如表 5-1 所示。

表 5-1　"基准平面"创建方法

命令	功能简要说明
"按某一距离"	创建与一个平面或其他基准平面平行且相距指定距离的基准平面，如图 5-5（a）所示
"成一角度"	按照与选定平面所呈的特定角度创建平面，如图 5-5（b）所示
"二等分"	在两个选定的平面或平面的中间位置创建平面。如果选定平面互相成一角度，则以平分角度放置平面，如图 5-5（c）所示
"曲线和点"	使用点、直线、平的边、基准轴或平面的各种组合来创建平面（例如，三个点、一个点和一条曲线等），如图 5-5（d）所示

续表

命令	功能简要说明
"两直线"	使用任何两条线性曲线、线性边或基准轴的组合来创建平面，如图 5-5（e）所示
"相切"	创建与一个非平的曲面相切的基准平面（相对于第二个所选对象），如图 5-5（f）所示
"点和方向"	根据一点和指定方向创建平面，如图 5-5（g）所示
"曲线上"	在曲线或边上的位置处创建平面，如图 5-5（h）所示

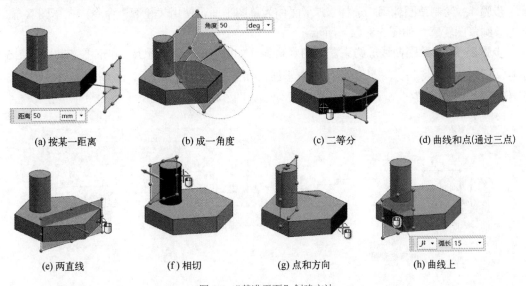

(a) 按某一距离　　(b) 成一角度　　(c) 二等分　　(d) 曲线和点(通过三点)

(e) 两直线　　(f) 相切　　(g) 点和方向　　(h) 曲线上

图 5-5　"基准平面"创建方法

（2）倒斜角

◎命令作用。"倒斜角"命令用于在棱边上创建对称或非对称的倒角特征，如图 5-6 所示。

◎位于何处？在功能区，"主页"选项卡的"特征"组→"倒斜角" 。

（3）螺纹

◎命令作用。"螺纹"命令用于在圆柱面上创建螺纹特征，包括"符号"螺纹和"详细"螺纹，如图 5-7 所示。

"符号"螺纹是指在实体上以虚线来显示创建的螺纹，而不是显示真实的螺纹实体，在工程图中用于表示螺纹和标注螺纹。这种螺纹生成速度快，计算量小。"详细"螺纹用于创建真实的螺纹，可以将螺纹的所有细节特征都表现出来。但是，由于螺纹几何形状的复杂性，该操作计算量大，创建和更新的速度较慢。

◎位于何处？在功能区，"主页"选项卡的"特征"组→"更多" →"螺纹" 。

　　　　　　　　　　　　　　　　　　(a)"符号"螺纹　　(b)"详细"螺纹

图 5-6　"倒斜角"命令应用示例　　　图 5-7　"螺纹"命令应用示例

项目实施

任务 5.1　创建回转体

（1）新建文件

新建一个 NX 文件，名称为"阶梯轴 .prt"。

（2）绘制草图

步骤 1：绘制草图轮廓。 选择 XZ 平面作为草图平面，使用"轮廓"命令，在草图 X 轴的上方绘制草图轮廓，如图 5-8（a）所示。

步骤 2：约束草图曲线。 约束左侧的竖直线（如图 5-8 序号①所示）和草图 Y 轴（如图 5-8 序号②所示）"共线" ![icon]，约束下面的水平线（如图 5-8 序号③所示）和草图 X 轴（如图 5-8 序号④所示）"共线" ![icon]。之后标注草图尺寸，如图 5-8（b）所示。

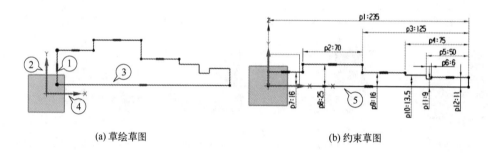

(a) 草绘草图　　　　　　　　　　　　　(b) 约束草图

图 5-8　阶梯轴草图

（3）创建回转体

步骤 1：执行"旋转"命令。 在"主页"选项卡的"特征"组中单击"拉伸"下拉菜单 ![icon] → "旋转" ![icon]。

步骤 2：选择草图曲线。 在图形窗口中选择草图曲线。

步骤 3：指定旋转轴。 在对话框的"轴"组中，单击"指定矢量"使其处于激活状态。在图形窗口中，选择草图下方的水平线作为旋转轴，如图 5-8 序号⑤所示。

步骤 4：设置旋转参数。 在对话框的"限制"组中，设置"开始"为"值"、"角度"为"0"、"结束"为"值"、"角度"为"360"。

步骤 5：结束"旋转"命令。 单击"确定"或鼠标中键，完成回转体的创建，如图 5-9 所示。

图 5-9　阶梯轴实体

任务 5.2　创建方台

（1）绘制矩形

步骤 1：选择草图平面。 选择方台所在轴段的右侧端面作为草图平面，以端面圆心为草图原点，如图 5-10 序号①所示，进入草图环境。

步骤 2：**绘制矩形曲线。** 使用"矩形"命令 □，选择"从中心"方法，如图 5-11（a）序号①所示；选择草图原点作为矩形中心，再选择两点绘制矩形，如序号②～④所示。

步骤 3：**约束矩形草图。** 约束矩形的四边为"等长" =；约束矩形的一个顶点在草图坐标轴上，即"点在曲线上" ↓。再标注草图尺寸，如图 5-11（b）所示。

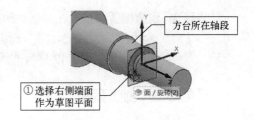

图 5-10　方台草图平面

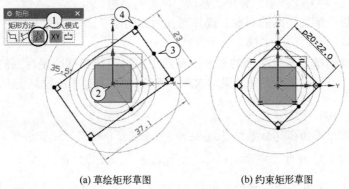

(a) 草绘矩形草图　　　　(b) 约束矩形草图

图 5-11　方台草图

（2）创建方台

步骤 1：**选择拉伸草图。** 使用"拉伸"命令，选择矩形草图，确认拉伸方向沿 X 轴负向。

步骤 2：**设置拉伸参数。** 在对话框的"限制"组中，设置"开始"为"值"、"距离"为"0"、"结束"为"值"、"距离"为"50"、"布尔"为"减去"。

💡 **提示：** 也可采用图 5-12 所示方法确定拉伸距离。即在对话框的"限制"组中，先设置"结束"为"直至延伸部分"，如图 5-12 序号①所示，然后在图形窗口中选择方台所在轴段的左侧端面作为拉伸结束位置，如图 5-12 序号②所示。

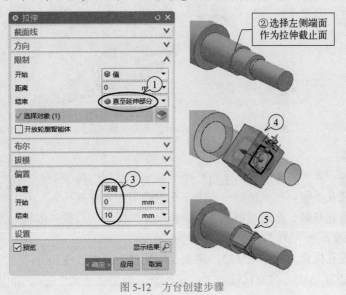

图 5-12　方台创建步骤

步骤 3：设置偏置参数。 在对话框的"偏置"组中，设置"偏置"为"两侧"、"开始"为"0"、"结束"为"10"，如图 5-12 序号③所示。之后显示方台的预览结果，如图 5-12 序号④所示。方台的最终结果如图 5-12 序号⑤所示。

任务 5.3 创建盲孔

创建盲孔

（1）创建基准平面

步骤 1：执行"基准平面"命令。 在"主页"选项卡的"特征"组中单击"基准平面" ，如图 5-13 序号①所示，弹出"基准平面"对话框。

步骤 2：选择要定义平面的对象。 选择圆孔所在的圆柱面，如图 5-13 序号②所示，将显示基准平面的预览结果，位于阶梯轴的下方。

步骤 3：继续选择要定义平面的对象。 在图形窗口中选择基准坐标系的 XZ 平面，如图 5-13 序号③所示，则基准平面预览结果与 XZ 平面成 90°，且位于阶梯轴上方，如图 5-13 序号④所示。

> 💡**提示：** 如基准平面的预览结果与预期不一致，可在对话框的"平面方位"组中单击"备选解" ⟳，如图 5-13 序号⑤所示，以在多个可选解之间进行切换。

步骤 4：结束"基准平面"命令。 单击"确定"，如图 5-13 序号⑥所示，完成基准平面的创建。

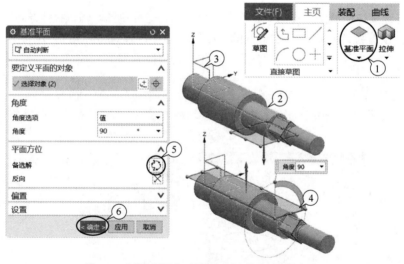

图 5-13 "基准平面"对话框与创建基准平面的步骤

（2）创建盲孔

步骤 1：执行"孔"命令。 在"主页"选项卡的"特征"组中单击"孔" ⬡。

步骤 2：选择孔类型。 在对话框中，选择孔的类型为"常规孔"。

步骤 3：设置孔参数。 在对话框的"形状和尺寸"组中，设置"形状"为"简单孔"、"直径"为"7"、"深度限制"为"值"、"深度"为"3"。

步骤 4：确定孔位置。 在草图环境中确定孔的位置，具体过程如下：

第一，启动草图模式。在对话框的"位置"组，单击"草图" 📝，弹出"创建草图"对话框。

第二，设置草图方法。在"创建草图"对话框中设置"平面方法"为"自动判断"，如图 5-14 序号①所示，单击"指定坐标系" ⚒，如图 5-14 序号②所示，弹出"坐标系"对话框。

第三，选择草图平面。在"坐标系"对话框中，选择类型为"平面，X 轴，点"，如图 5-14 序号③所示；在图形窗口中，选择刚创建的基准平面作为草图平面，如图 5-14 序号④所示。

第四，指定草图 X 轴方向。在"坐标系"对话框中，单击"指定矢量"使其处于激活状态，如图 5-14 序号⑤所示；在图形窗口中，选择矢量 X 轴方向作为草图 X 轴方向，如图 5-14 序号⑥所示。

第五，指定草图原点。之后选择状态自动切换至"指定点"，在图形窗口中，选择圆柱体棱边以选中圆心作为草图原点，如图 5-14 序号⑦所示。

第六，返回"创建草图"对话框。单击"确定"，如图 5-14 序号⑧所示，返回"创建草图"对话框，并显示草图平面和坐标系，如图 5-14 序号⑨所示。

第七，进入草图环境。在"创建草图"对话框中，单击"确定"，如图 5-14 序号⑩所示，进入草图环境。

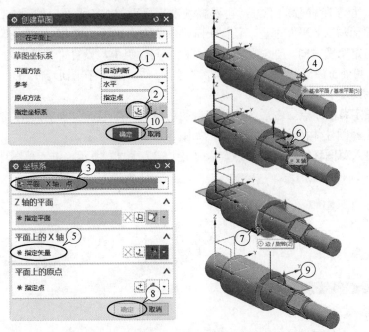

图 5-14　"创建草图"对话框与设置草图平面的步骤

第八，绘制孔位置点。在草图 Y 轴右侧单击以创建一个点，约束该点在草图 X 轴上，即"点在曲线上" ↑，再标注该点与草图 Y 轴的距离为"25"，如图 5-15 所示。

第九，退出草图环境。退出草图环境后，返回"孔"对话框，并显示孔预览特征。

步骤 5：结束"孔"命令。单击"确定"，完成孔的创建，如图 5-16 所示。

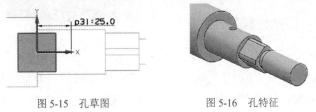

图 5-15　孔草图　　　　　　　图 5-16　孔特征

💡 **提示**：草图方向与草图原点的设置。草图方向是指草图的横（X）轴和纵（Y）轴的方向。通常只要有可能，NX 都会根据选择的平面自动判断产生草图坐标系，即已包含草图方向和草图原点。但有时达不到绘制草图的要求，或不便于绘制草图，此时需要调整草图方向和草图原点的位置。可以在图形窗口中选择边、基准轴、基准平面或面将其指定为草图方向，再指定一个点作为草图原点。

创建键槽

任务 5.4　创建键槽

（1）绘制键槽草图

步骤 1：执行"草图"命令。 在"主页"选项卡的"直接草图"组中单击"草图" ✐ ，如图 5-17 序号①所示，弹出"创建草图"对话框。

步骤 2：选择平面方法。 在对话框的"草图平面"组中，设置"平面方法"为"新平面"，如图 5-17 序号②所示。

步骤 3：确定平面位置。 选择键槽所在的圆柱面，如图 5-17 序号③所示，将显示基准平面的预览结果，位于阶梯轴的下方；再选择基准坐标系的 XY 平面，如图 5-17 序号④所示，则预览的基准平面与 XY 平面垂直，且位于阶梯轴前方，如图 5-17 序号⑤所示。

步骤 4：指定草图方向。 在对话框的"草图方向"组中，设置"参考"为"水平"，单击"指定矢量"使其处于激活状态，如图 5-17 序号⑥～⑦所示；在图形窗口中，选择 X 轴，如图 5-17 序号⑧所示。

步骤 5：指定草图原点。 之后选择状态自动切换至"指定点"，如图 5-17 序号⑨所示；在图形窗口中，选择圆柱体棱边以选中圆心，如图 5-17 序号⑩所示。

步骤 6：进入草图环境。 单击"确定"，如图 5-17 序号⑪所示，进入草图环境，草图平面最终结果如图 5-17 序号⑫所示。

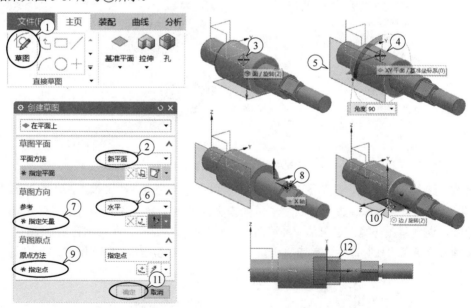

图 5-17　"创建草图"对话框与设置草图平面的步骤

步骤 7：绘制键槽草图。 使用"轮廓"命令，在草图 Y 轴的左侧草绘草图轮廓，如图 5-18（a）所示。约束两个圆弧为"等半径" ⌒ ，约束圆弧的圆心在草图 X 轴上，即"点在曲线上"。最后标注草图尺寸，如图 5-18（b）所示。

步骤 8：退出草图环境。单击"完成"，退出草图环境。

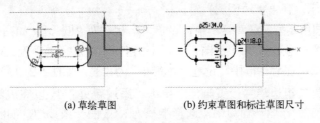

(a) 草绘草图　　　　　　　(b) 约束草图和标注草图尺寸

图 5-18　键槽草图

💡**提示：**绘制键槽草图时，也可以参考前文"创建圆孔"的步骤，先创建一个基准平面，再以该基准平面为草图平面绘制草图。

（2）创建键槽

步骤 1：选择拉伸草图。使用"拉伸"命令，选择键槽草图，确认拉伸方向为指向圆柱面内部。

步骤 2：设置拉伸参数。设置"开始"为"值"、"距离"为"0"、"结束"为"值"、"距离"为"50~44.5"、"布尔"为"减去"，创建键槽，如图 5-19 所示。

任务 5.5　创建倒角和螺纹

图 5-19　键槽

（1）创建斜角

步骤 1：执行"倒斜角"命令。在"主页"选项卡的"特征"组中单击"倒斜角" ，如图 5-20 序号①所示，弹出"倒斜角"对话框。

步骤 2：选择斜角棱边。在图形窗口中，选择阶梯轴上"C2"所示的棱边。

步骤 3：设置倒角参数。在对话框的"偏置"组中，设置"横截面"为"对称"、"距离"为"2"，如图 5-20 序号②所示。

创建倒角和螺纹

步骤 4：结束"倒斜角"命令。单击"确定"，如图 5-20 序号③所示，完成斜角的创建。

步骤 5：对其他棱边倒斜角。按照相同的方法，选择阶梯轴上"C1"所示的棱边倒斜角，斜角"距离"为"1"。

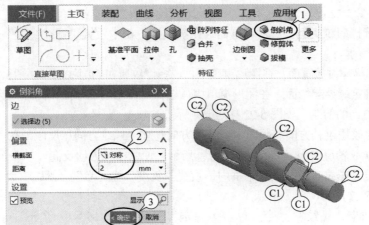

图 5-20　"倒斜角"对话框和创建斜角的步骤

（2）创建圆角

步骤 1：启动"边倒圆"命令。在"主页"选项卡的"特征"组中单击"边倒圆" ![icon]，如图 5-21 序号①所示，弹出"边倒圆"对话框。

步骤 2：设置圆角类型。在对话框中，设置"形状"为"圆形"，如图 5-21 序号②所示。

步骤 3：选择第一组边集并设置半径。在图形窗口中，选择半径为 R3 的两条棱边，如图 5-21 序号③～④所示；在对话框中，设置"半径 1"为"3"，如图 5-21 序号⑤所示。

步骤 4：选择第二组边集并设置半径。单击"添加新集" ![icon] 以完成第一组边集的选择，如图 5-21 序号⑥所示。在图形窗口中，选择半径为 R1.5 的一条棱边，如图 5-21 序号⑦所示。在对话框中，设置"半径 2"为"1.5"。

步骤 5：选择第三组边集并设置半径。单击"添加新集" ![icon] 以完成第二组边集的选择，如图 5-21 序号⑧所示。在图形窗口中，选择半径为 R0.5 的一条棱边，如序号⑨所示。在对话框，设置"半径 3"为"0.5"。

步骤 6：结束"边倒圆"命令。单击"确定"，如序号⑩所示，完成圆角的创建。

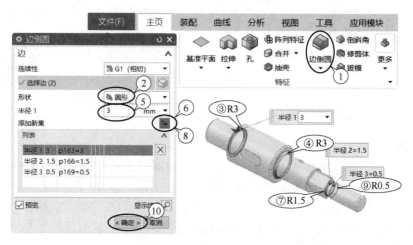

图 5-21　"边倒圆"对话框与创建圆角的步骤

（3）创建螺纹

步骤 1：执行"螺纹"命令。在"主页"选项卡的"特征"组中单击"更多" ![icon]→"螺纹刀" ![icon]，如图 5-22 序号①～②所示，弹出"螺纹切削"对话框。

步骤 2：选择螺纹类型。在对话框的"螺纹类型"组中设置"螺纹类型"为"详细"，如图 5-22 序号③所示。

步骤 3：选择螺纹放置面。在图形窗口中，选择螺纹所在的圆柱面，如图 5-22 序号④所示。

步骤 4：确定螺纹起始面。在图形窗口中，选择阶梯轴右侧端面作为螺纹起始面，同时显示表示螺纹轴方向的箭头，如图 5-22 序号⑤所示。

步骤 5：更改螺纹轴方向。因图中螺纹轴方向与实际螺纹方向相反，须在"螺纹切削"对话框中单击"螺纹轴反向"，如图 5-22 序号⑥所示，使螺纹轴方向反向。

步骤 6：设置螺纹参数。在对话框中，设置"长度"为"45"、"螺距"为"1.5"、旋转为"右旋"，如图 5-22 序号⑦～⑧所示。

步骤 7：结束"螺纹"命令。单击"确定"，如图 5-22 序号⑨所示，完成螺纹特征的创建。

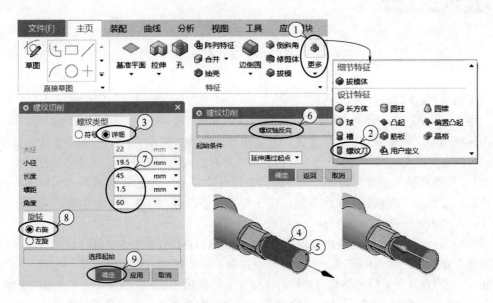

图 5-22 "螺纹切削"对话框与创建螺纹的步骤

（4）保存文件

使用"测量"命令测量阶梯轴的体积为"235086.8376mm³"，之后隐藏基准坐标系、基准平面和草图，显示轴侧视图，然后保存文件。

拓展提高

★创建齿轮模型

在进行机械产品建模时，常会遇到齿轮模型。使用 GC 工具箱提供的齿轮建模工具可以快速创建圆柱齿轮、锥齿轮。

◎位于何处？在功能区，"主页"选项卡的"齿轮建模 -GC 工具箱"组，如图 5-23 所示。

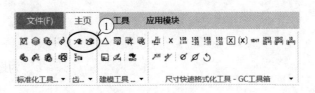

图 5-23 "齿轮"建模命令

课后练习

创建附录图库附图 16 所示模型。

学海导航

工业软件行业状况

★中望 CAD 和中望 3D

中望 CAD 是基于自主内核的国产二维 CAD 平台，支持经典 /Ribbon 界面，采用 CAD 通用快捷命令，完美兼容 DWG 格式，方便实现历史数据重用、内外部图纸交流与数据交互，可快速完成 CAD 软件的无缝切换，支持主流行业应用和用户个性化功能定制开发。中望 CAD 包括机械、建筑、景观园林、结构和模具等版本，自 2002 年推向市场以来，已帮助建筑、勘察、市政规划、机械制造、电子电器、能源电力等多个领域的用户实现了高效设计、国产化创新应用。

中望 3D 是基于自主几何建模内核的国产三维 CAD/CAE/CAM 一体化解决方案，覆盖从概念设计到生产制造的产品开发全流程，广泛应用于机械、汽车、电子、电器、模具等行业。中望 3D 具有灵活的参数化建模、高效的直接编辑与 G3 曲面连续的混合建模等能力，可满足 20 万＋组件级装配设计，包含模具、钣金、管道等众多工具集，能够帮助工程师高效完成各类产品的设计。中望 3D 支持在设计早期对产品进行线性静力学、屈曲、模态、动力学、非线性、疲劳、传热等验证分析，快速验证产品结构设计的合理性，指导产品的设计优化。中望 3D 无缝同步 CAD 模型，提供钻孔、车削、2 ～ 5 轴铣削加工策略，具备全机床仿真能力，拥有丰富的机床后处理器，为用户产生最佳的数控加工方案。

创建盒盖模型

本项目通过创建盒盖模型（如图6-1所示）达到如下学习目的：

☆掌握"修剪体""拆分体""抽壳""镜像特征"等特征建模命令的使用。

☆巩固"拉伸""边倒圆""孔"等特征建模命令的使用。

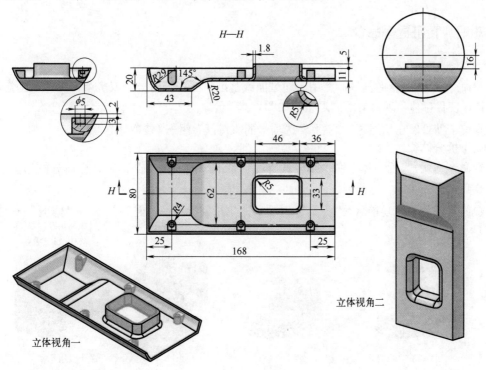

立体视角一

立体视角二

图 6-1　盒盖模型

项目分析

盒盖模型去掉内部的柱孔后为一个壳体。对于壳体类零件的建模，通常需要先创建一个近似实体，再使用"抽壳"命令创建壳体，最后再完成其他部分特征的创建。建模思路如图 6-2 所示，可先创建一个拉伸实体（如序号①所示），再用一个曲面（如序号②所示）修剪得到新实体（如序号③所示），之后创建方孔（如序号④所示）、创建壳体（如序号⑤所示），最后创建柱孔，得到盒盖模型（如序号⑥所示）。

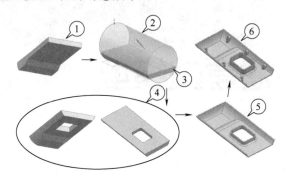

图 6-2　盒盖模型的建模思路

🌱 相关知识

知识　特征建模命令

（1）修剪体

◎命令作用。"修剪体"命令用于通过面或基准平面来修剪一个或多个目标体以创建新的目标体，使目标体呈现修剪面的形状，如图 6-3 所示。

◎位于何处？在功能区，"主页"选项卡的"特征"组→"修剪体" ◻。

（2）拆分体

◎命令作用。"拆分体"命令用于通过面、基准平面或另一个体将目标体分割为多个体，如图 6-4 所示。

◎位于何处？在功能区，"主页"选项卡的"特征"组→"更多" ◻→"修剪"→"拆分体" ◻。

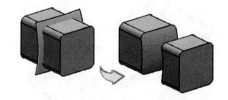

图 6-3　"修剪体"命令应用示例　　　　　图 6-4　"拆分体"命令应用示例

"拆分体"与"修剪体"命令类似，都是用面去修剪目标体，区别在于："拆分体"命令将目标体分割为多个体，而"修剪体"命令则将目标体修剪掉一部分。

（3）抽壳

◎命令作用。"抽壳"命令用于通过移除选择的面来创建指定壁厚的壳体，或通过挖空内部来创建壳体，如图 6-5 所示。

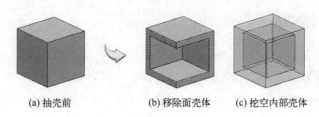

(a) 抽壳前　　　　(b) 移除面壳体　　　(c) 挖空内部壳体

图 6-5　"抽壳"命令应用示例

◎位于何处？在功能区，"主页"选项卡的"特征"组→"抽壳" 。

（4）镜像特征

◎命令作用。"镜像特征"命令用于将选定的一个或多个实体特征镜像到指定的平面的另一侧以创建对称的特征，如图 6-6 所示。

◎位于何处？在功能区，"主页"选项卡的"特征"组→"更多" 🔳 →"镜像特征" 🔳。

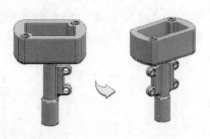

图 6-6　"镜像特征"命令应用示例

📨 项目实施

任务 6.1　创建拉伸实体

（1）新建文件

新建一个 NX 文件，名称为"盒盖 .prt"。

（2）绘制草图

步骤 1：绘制草图轮廓。选择 XZ 平面作为草图平面，使用"轮廓"和"圆弧"命令在草图 X 轴的下方草绘草图轮廓，如图 6-7（a）所示。

步骤 2：约束草图曲线。约束圆弧的圆心（如图 6-7 序号①所示）位于直线上，即"点在曲线上" 📍 ，约束草图左上点（如图 6-7 序号②所示）和草图原点为"重合" 📍 ，再标注草图尺寸，如图 6-7（b）所示。

创建
拉伸体

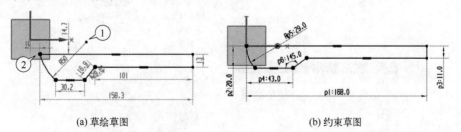

(a) 草绘草图　　　　　　　　　　　　　　(b) 约束草图

图 6-7　拉伸体草图

（3）创建实体

使用"拉伸"命令，选择已绘的草图，设置"开始"为"对称值"、"距离"为"40"，创建实体，如图 6-8 所示。

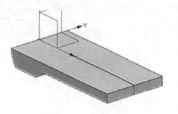

图 6-8　拉伸体

任务 6.2　修剪实体

修剪实体

（1）创建修剪曲面

步骤 1：绘制圆形草图。选择 YZ 平面作为草图平面，使用"圆"命令绘制草图；约束圆心位于草图 Z 轴上，约束圆形曲线通过拉伸实体上表面的棱点，即"点在曲线上" $\uparrow$，如图 6-9 所示。

步骤 2：创建片体。使用"拉伸"命令，选择圆形草图，设置"开始"为"值"、"距离"为"0"、"结束"为"值"、"距离"为"170"、"体类型"为"片体"，创建圆柱片体，如图 6-10 所示。

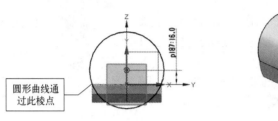

图 6-9　圆形草图

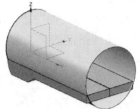

图 6-10　圆柱片体

（2）修剪实体

步骤 1：执行"修剪体"命令。在"主页"选项卡的"特征"组中单击"修剪体" ，如图 6-11 序号①所示，弹出"修剪体"对话框。

步骤 2：选择修剪目标体。在图形窗口中选择拉伸实体，如图 6-11 序号②所示。

步骤 3：选择修剪片体。在对话框的"工具"组中，单击"选择面或平面"使其处于活动状态，如图 6-11 序号③所示；在图形窗口中，选择片体，如图 6-11 序号④所示。

步骤 4：确认修剪方向。在图形窗口中，出现一个矢量指向圆柱片体的外侧，即要移除的部分；否则，在对话框中单击"反向" $\boxed{\times}$ 以反转修剪方向，如图 6-11 序号⑤所示。如默认修剪方向正确，此步骤可忽略。

步骤 5：结束"修剪体"命令。单击"确定"，如图 6-11 序号⑥所示，完成修剪体的创建。

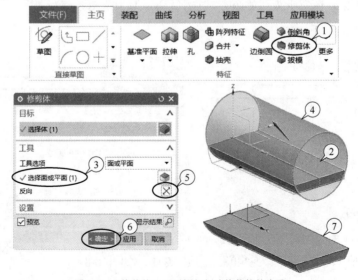

图 6-11　"修剪体"对话框与创建修剪体的步骤

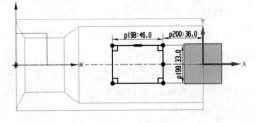
创建壳体

任务 6.3 创建壳体

（1）创建方孔

步骤 1：绘制草图曲线。选择修剪体上表面作为草图平面，设置草图原点位于实体上表面短棱边的中点，使用"矩形"命令绘制草图，如图 6-12 所示。

步骤 2：创建方孔特征。使用"拉伸"命令，选择矩形草图，设置"开始"为"值"、"距离"为"0"、"结束"为"贯通"、"布尔"为"减去"，创建方孔，如图 6-13 所示。

图 6-12 方孔草图

（2）创建圆角

使用"边倒圆"命令创建 R20、R5 圆角特征，如图 6-14 所示。

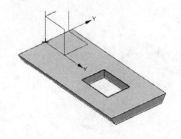

图 6-13 方孔特征

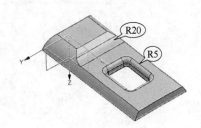

图 6-14 圆角特征

（3）创建壳体

步骤 1：执行"抽壳"命令。在"主页"选项卡的"特征"组中单击"抽壳" ⬡ ，如图 6-15 序号①所示，弹出"抽壳"对话框。

步骤 2：选择抽壳类型。在"抽壳"对话框中，选择类型为"移除面，然后抽壳"，如图 6-15 序号②所示。

步骤 3：选择移除面。在图形窗口中，选择上表面和侧面，如序号③~④所示，显示抽壳预览特征。

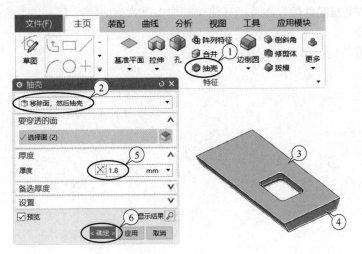

图 6-15 "抽壳"对话框与创建壳体的步骤

步骤 4：设置壳体厚度。 在"抽壳"对话框的"厚度"组中设置"厚度"为"1.8"，如图 6-15 序号⑤所示。

步骤 5：结束"抽壳"命令。 单击"确定"，如图 6-15 序号⑥所示，完成壳体的创建。

（4）增加方孔侧壁高度

步骤 1：选择拉伸草图。 使用"拉伸"命令，在上边框条"曲线规则"列表中选择"面的边"，如图 6-16 序号①所示。在图形窗口中选择方孔顶部平面以选中各边作为拉伸截面，如图 6-16 序号②所示。

步骤 2：设置拉伸参数。 在"拉伸"对话框中，设置"开始"为"值"、"距离"为"0"、"结束"为"值"、"距离"为"5"、"布尔"为"合并"，完成方孔侧壁高度的增加，如图 6-16 序号③所示。

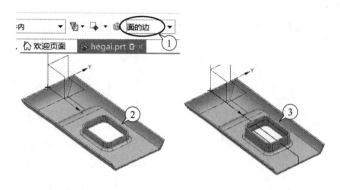

图 6-16　增加方孔侧壁高度

创建
固定孔

任务 6.4　创建固定孔

（1）绘制草图

步骤 1：绘制草图曲线。 选择 XY 平面作为草图平面，使用"轮廓"命令，在草图 X 轴的下方绘制草图轮廓。约束草图中的水平线与壳体的内侧棱边为"共线" ，再标注草图尺寸，如图 6-17（a）所示。

步骤 2：阵列草图曲线。 在草图环境中，使用"阵列曲线"命令，选择草图作为阵列对象，设置"布局"为"线性"、"间距"为"数量和间隔"、"数量"为"3"、"节距"为"59"、阵列方向为草图 X 轴正向，结果如图 6-17（b）所示。

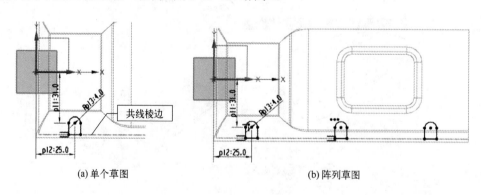

(a) 单个草图　　　　　　　　　　　(b) 阵列草图

图 6-17　柱体草图

（2）创建柱体

使用"拉伸"命令，选择截面草图，确认拉伸方向为沿 Z 轴负向，设置"开始"为"值"、"距离"为"2"、"结束"为"直至下一个"、"布尔"为"合并"，创建柱体，如图 6-18 所示。

（3）创建柱孔

使用"孔"命令，选择孔类型为"常规孔"，设置"形状"为"简单孔"、"直径"为"5"、"深度限制"为"值"、"深度"为"3"、"深度直至"为"圆柱底"、"顶锥角"为"0"，选择柱体圆弧棱边以选中圆心作为孔的位置点，创建柱孔，如图 6-19 所示。

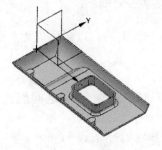

图 6-18　柱体特征

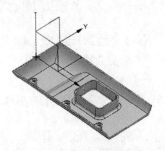

图 6-19　柱孔特征

（4）镜像柱孔

步骤 1：执行"镜像"命令。在"主页"选项卡的"特征"组中单击"更多" ⬢ →"镜像特征" 🗡，如图 6-20 序号①～②所示，弹出"镜像特征"对话框。

步骤 2：选择镜像特征。在图形窗口中选择 3 组（柱体和孔）特征，如图 6-20 序号③～⑤所示。

步骤 3：确定镜像平面。在对话框的"镜像平面"组中，设置"平面"为"现有平面"，如图 6-20 序号⑥所示；在图形窗口中，选择 XZ 平面作为镜像平面，如图 6-20 序号⑦所示。

步骤 4：结束"镜像"命令。单击"确定"，如图 6-20 序号⑧所示，完成镜像特征的创建。

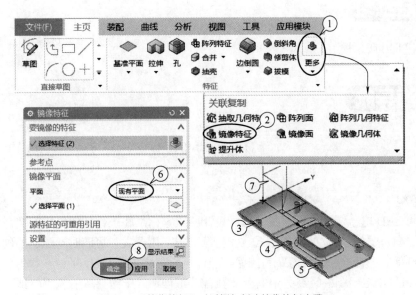

图 6-20　"镜像特征"对话框与创建镜像特征步骤

（5）保存文件

使用"测量"命令测量盒盖的体积为"32614.9876mm³"，之后隐藏基准坐标系、基准平面和草图，显示轴侧视图，最后保存文件。

★在草图上创建交点与相交曲线

在建模时，有时会遇到在曲面上确定一点或者一条曲线，以定位后续其他特征的位置，可以使用"交点""相交曲线"等命令。

（1）交点

◎命令作用。"交点"命令用于在草图平面和与其相交的曲线之间创建一个交点，如图 6-21 所示。

◎位于何处？在功能区，"主页"选项卡的"直接草图"组→"交点"。

（2）相交曲线

◎命令作用。"相交曲线"命令用于在草图平面和所选面之间创建相交曲线，如图 6-22 所示。

◎位于何处？在功能区，"主页"选项卡的"直接草图"组→"相交曲线"。

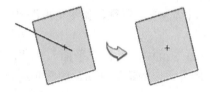

图 6-21 "交点"命令应用示例

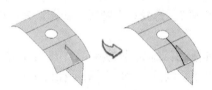

图 6-22 "相交曲线"命令应用示例

创建附图 20 所示模型。

工业软件行业状况

★ CAXA CAD、CAXA 3D 和 CAXA CAM

CAXA CAD 电子图板是根据我国机械设计的国家标准和工程师的使用习惯开发的，具有自主的 CAD 内核、独立的文件格式，支持第三方应用开发，可随时适配新的硬件和操作系统，支持新制图标准，提供海量新图库，能低风险替代各种 CAD 平台，数倍提升设计效率。CAXA CAD 电子图板经过大中型企业及百万工程师的千锤百炼的应用验证，广泛应用于航空航天、装备制造、电子电器、汽车及零部件、国防军工、教育等领域。

CAXA 3D 实体设计是集三维创新设计、工程设计于一体的 3D CAD 设计工具和平台产品，具有自主可控的多核专利技术、独立的文件格式，提供基于参数化技术的工程模式和基于直接表面编辑技术的创新模式，提供海量标准件库和零件库，可实现超过 20 万个零件的特大型装配的轻松流畅运行，具有三维数字化方案设计、详细设计、分析验证、专业工程图等完整功能，兼容多种流行的三维 CAD 软件格式，在专用设备设计、工装夹具设计、各种零部件设计等场景得到了广泛的应用。CAXA 3D 实体设计无缝集成了电子图板、制造工程师、三维工艺和 CAE 软件，可以在同一平台上轻松进行 3D、2D 设计和仿真分析、工艺规划、数控编程。

CAXA CAM 制造工程师提供了丰富的编程策略，满足从 2～3 轴到 4～5 轴等各种应用场景，并可直观、精确地对加工过程进行模拟仿真，对代码进行反读校验，提供通用的后置处理，可向任何数控系统输出加工代码。编程环境基于数控加工真实场景，刀具轨迹计算考虑了机床的移动轴行程，旋转轴的摆动角度，毛坯、夹具、工件、刀具的真实加工场景，可有效提高刀具轨迹的合理性和安全性，避免实际加工中的过切、超程等安全隐患。

项目7

创建上箱体模型

学习目标

本项目通过创建风机上箱体模型（图7-1）达到如下学习目的：

☆掌握基于路径草图的设置。

☆掌握"扫掠"等曲面建模命令的使用。

☆巩固"拉伸""边倒圆""抽壳""孔"和"阵列特征"等特征建模命令的使用。

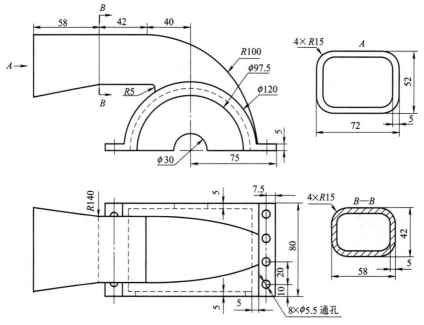

图 7-1　风机上箱体模型

项目分析

风机上箱体也属于壳体零件，填充壳体、去掉圆角和孔后的实体如图7-2序号①所示。这个实体可分解为三个部分。其中，风筒的两段实体（如图7-2序号②～③所示）可使用"扫掉"命令来创建，底座（如图 7-2 序号④所示）可使用"拉伸"命令来创建。将三个实体合并为一个实体，使用"边倒圆""抽壳""孔"和"阵列特征"命令创建相关特征。

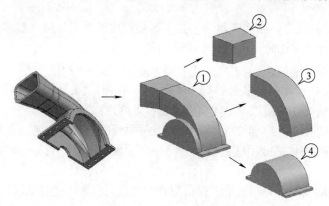

图 7-2　上箱体模型的建模思路

相关知识

知识 7.1　草图类型

草图分为在平面上的草图和基于路径的草图。

（1）"在平面上"的草图

创建拉伸、旋转等特征时，选择"在平面上"类型来绘制草图，如图 7-3 所示。这类草图选择现有平面作为草图平面，如选择基准坐标系的三个平面、已建的基准平面、实体或片体上的平面。

（2）"基于路径"的草图

创建扫掠特征时，选择"基于路径"类型来绘制草图，如图 7-4 所示。这类草图选择一条路径曲线，NX 会建立一个与该曲线垂直的平面，并自动选择此平面作为草图平面。

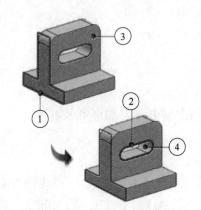

图 7-3　"在平面上"的草图

①—选择基准平面绘制的草图；②—选择拉伸实
体的平面绘制的草图；③—拉伸
实体特征；④—拉伸孔特征

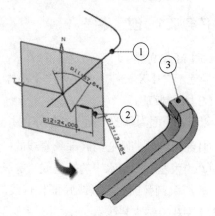

图 7-4　"基于路径"的草图

①—定义草图平面的路径曲线；
②—选择由路径曲线定义的平面绘制的
草图；③—变化扫掠特征

知识 7.2 曲面建模命令

（1）扫掠

◎命令作用。"扫掠"命令用于将一条或多条截面线沿着引导线（最多 3 条）运动来创建实体或片体。当截面线封闭时，可创建实体，如图 7-5 所示。

◎位于何处？在功能区，"主页"选项卡的"曲面"组→"扫掠" ◢。

"扫掠"命令是特征建模中最基础的一个命令，"拉伸""旋转"和"管"等命令都可以看作是该命令的特殊情况。使用该命令建模须注意以下两点：

◇当截面线为 2 组以上（含 2 组）时，各组截面线的箭头方向务必保持一致，当多个扫掠体相接时，这些扫掠体的截面线的箭头方向也必须保持一致，否则后续的建模有可能出现意想不到的问题。

◇如要对棱边倒圆角，必须选中"保留形状"选项，否则不能拾取棱边。

（2）管

◎命令应用。"管"命令用于沿中心线路径（即引导线）扫掠圆形横截面来创建实心或空心实体。使用时只需输入管子的外径和内径参数，无须绘制圆形横截面，若内径为 0 时，生成的是实心的管子。使用此命令可创建线束、弹簧、电缆或管道等，如图 7-6 所示。

◎位于何处？在功能区，"主页"选项卡的"曲面"组→"曲面"→"更多"→"管" ◉，或在"曲面"选项卡的"曲面"组→"更多"→"管" ◉。

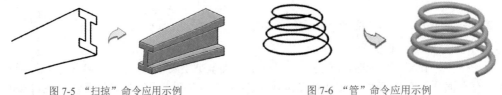

图 7-5 "扫掠"命令应用示例　　　　　　图 7-6 "管"命令应用示例

创建底座

项目实施

任务 7.1 创建底座

（1）新建文件

新建一个 NX 文件，名称为"上箱体 .prt"。

（2）绘制草图

以 XZ 平面为草图平面，绘制草图并进行约束，如图 7-7 所示，约束要求如下：

①约束圆弧的圆心与底部长直线的中点"重合" ◢。

②约束左右两条水平的短直线"等长" ＝且"共线" ◢。

③约束圆弧的圆心（或底部长直线的中点）与草图原点"重合" ◢。（或先约束底部长直线与草图 X 轴"共线" ◢，再约束圆弧的圆心或底部长直线的中点在草图 Y 轴上，即"点在曲线上" ◢。）

💡提示：圆弧的圆心位于底部长直线上，而非上部短直线的延长线上。

（3）创建实体

使用"拉伸"命令，选择上述草图，设置"开始"为"对称值"、"距离"为"40"，创建底座实体，如图 7-8 所示。

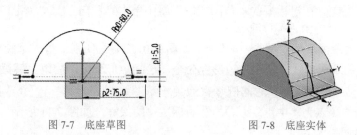

图 7-7　底座草图　　　　　　　　　图 7-8　底座实体

创建扫
掠体（1）

任务 7.2　创建扫掠体

（1）绘制引导线草图

以 XZ 平面为草图平面，绘制两条直线和一条圆弧并进行约束，如图 7-9 所示，约束要求如下：

① 约束圆弧右侧的端点在草图 X 轴上，即"点在线上"．

② 约束圆弧和底座半圆柱面的棱边为"相切"．

（2）绘制截面草图 1

步骤 1：执行"草图"命令。 在"主页"选项卡的"直接草图"组中单击"草图"，弹出"创建草图"对话框。

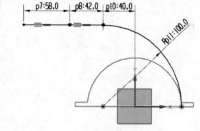

图 7-9　引导线草图

步骤 2：选择草图类型。 在"创建草图"对话框中，选择草图类型为"基于路径"，如图 7-10 序号①所示。

步骤 3：选择草图路径。 在上边框条"曲线规则"列表中，选择"单条曲线"，如图 7-10 序号②所示；在图形窗口中，在长度为"42"的直线（即中间段直线）左侧端点附近选择该直线，如图 7-10 序号③所示，并显示草图平面的预览结果。

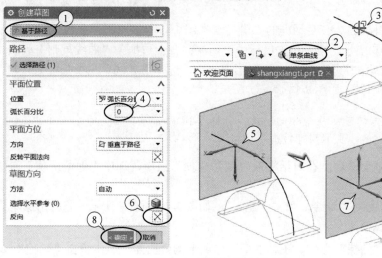

图 7-10　设置草图路径的步骤

步骤 4：确定平面位置。 在对话框的"平面位置"组中设置"弧长百分比"为"0"，如图 7-10 序号④所示；按"Enter"键后，草图平面被定位在直线端点处。

步骤 5：反向草图方向。 当前草图的坐标系如图 7-10 序号⑤所示，为便于绘图，需要反转草图的坐标系方向。在对话框的"草图方向"组中单击"反向"，如图 7-10 序号⑥所示，则草图的坐标系如图 7-10 序号⑦所示。

步骤 6：进入草图环境。 单击"确定"，如图 7-10 序号⑧所示，进入草图环境。

步骤 7：绘制草图曲线。 使用"矩形"命令，绘制矩形草图，约束上部直线和引导线的端点为"点在线上"，约束左右两侧竖直线关于草图 Y 轴"对称"（或约束上部水平线的中点和引导线的端点为"中点"），然后标注草图尺寸，如图 7-11 所示。

（3）绘制截面草图 2

参照绘制截面草图 1 的步骤，选择长度为"58"的直线的左侧端点建立路径草图平面，并绘制截面草图 2，如图 7-12 所示。

最终的截面草图和引导线草图如图 7-13 所示。

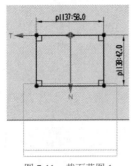

图 7-11　截面草图 1

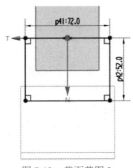

图 7-12　截面草图 2

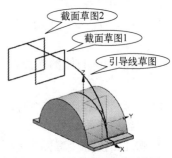

图 7-13　引导线草图和截面草图

（4）创建扫掠体 1

步骤 1：执行"扫掠"命令。 在"主页"选项卡的"曲面"组中单击"扫掠"，如图 7-14 序号①～②所示，弹出"扫掠"对话框。

步骤 2：选择截面线。 在图形窗口中选择截面草图 1（即较小的矩形草图），如图 7-14 序号③所示。

> 提示：截面线方向应为顺时针方向，否则单击"反向"，如图 7-14 序号④所示。

步骤 3：选择引导线。 在对话框的"引导线"组中，单击"选择曲线"使其处于激活状态，如图 7-14 序号⑤所示，或者单击鼠标中键两次；在上边框条"曲线规则"列表中，选择"单条曲线"，如图 7-14 序号⑥所示；在图形窗口中，选择引导线草图中长度为"42"的直线和半径为"100"的圆弧，如图 7-14 序号⑦所示。

> 提示：引导线方向应由直线指向圆弧，如图 7-14 序号⑧所示，否则单击"反向"，如图 7-14 序号⑨所示。显示预览特征。

步骤 4：设置截面选项。 在对话框的"截面选项"组中，选中"保留形状"复选框，如图 7-14 序号⑩所示。

步骤 5：结束"扫掠"命令。 单击"确定"，如图 7-14 序号⑪所示，完成扫掠体 1 的创建。

（5）创建扫掠体 2

步骤 1：执行"扫掠"命令。 在"主页"选项卡的"曲面"组中单击"扫掠"，弹出"扫掠"对话框。

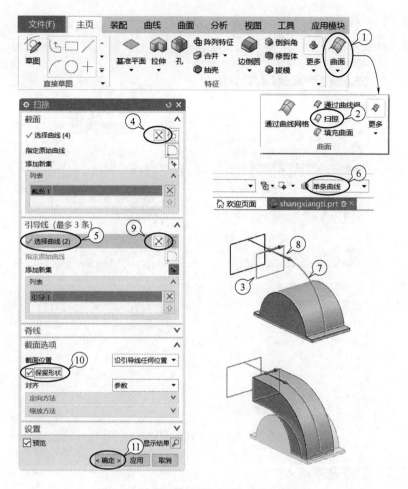

图 7-14 "扫掠"对话框与创建扫掠体 1 的步骤

步骤 2：选择截面线 1。在图形窗口中选择截面草图 1（即较小的矩形草图），如图 7-15 序号①所示。

💡 提示：截面线方向应为顺时针方向，否则单击"反向" 。

步骤 3：选择截面线 2。在对话框的"截面"组中，单击"添加新集" ✦，如图 7-15 序号②所示，确认"选择曲线"处于激活状态，如图 7-15 序号③所示，或者单击鼠标中键一次；在图形窗口中，选择截面草图 2（即较大的矩形草图），如图 7-15 序号④所示。

💡 提示：截面线方向应为顺时针方向，否则单击"反向" ✕。

步骤 4：选择引导线。在对话框的"引导线"组中，单击"选择曲线"使其处于激活状态，如图 7-15 序号⑤所示，或者单击鼠标中键两次；在上边框条"曲线规则"列表中，选择"单条曲线"，如图 7-15 序号⑥所示；在图形窗口中，选择引导线草图中长度为"58"的直线，如图 7-15 序号⑦所示。显示预览特征。

步骤 5：设置截面选项。在对话框的"截面选项"组中选中"保留形状"复选框，如图 7-15 序号⑧所示。

步骤 6：结束"扫掠"命令。单击"确定"，如图 7-15 序号⑨所示，完成扫掠体 2 的创建。

💡 **提示**：两组截面线方向与扫掠体 1 的截面线方向一致，应为顺时针方向；选中"保留形状"复选框，否则在后续创建圆角时将会出错。

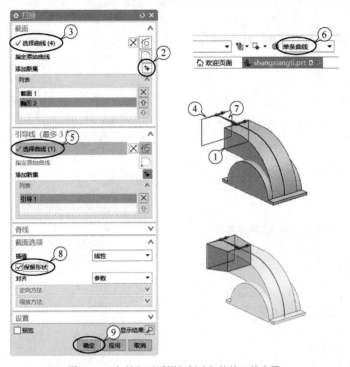

图 7-15 "扫掠"对话框与创建扫掠体 2 的步骤

创建壳体

任务 7.3　创建壳体

（1）创建求和实体

步骤 1：执行"合并"命令。 在"主页"选项卡的"特征"组中单击"合并" 🔲，如图 7-16 序号①所示，弹出"合并"对话框。

步骤 2：选择目标体。 在图形窗口中选择底座实体，如图 7-16 序号②所示。

步骤 3：选择工具体。 在图形窗口中选择扫掠体 1 和扫掠体 2，如序号③～④所示。

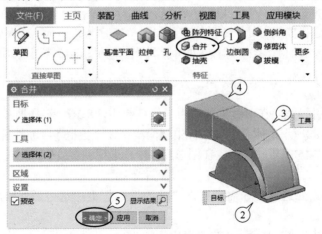

图 7-16 "合并"对话框和合并实体的步骤

步骤 4：结束"合并"命令。单击"确定"，如图 7-16 序号⑤所示，完成实体的合并。

（2）创建圆角

选择扫掠体 1 和扫掠体 2 相交处的三条棱边（即侧面的两条棱边和下面的一条棱边），创建 R140 的圆角；选择扫掠体的四条棱边，创建 R15 的圆角；选择扫掠体 1 和底座实体相交的棱边，创建 R5 的圆角。结果如图 7-17 所示。

> 🔆 **提示**：创建圆角特征时，通常按照由大到小的顺序进行。

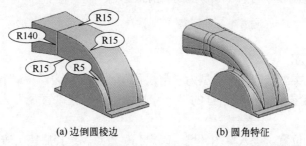

(a) 边倒圆棱边　　　　　　　　(b) 圆角特征

图 7-17　创建圆角

（3）创建壳体

使用"抽壳"命令，选择上箱体的底部面和出风口面作为移除面，如图 7-18（a）序号①～②所示，创建厚度为"5"的等壁厚壳体，如图 7-18（b）所示。

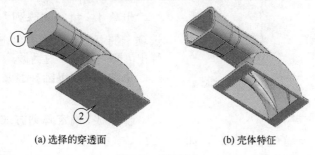

(a) 选择的穿透面　　　　　　　　(b) 壳体特征

图 7-18　创建壳体

创建孔

任务 7.4　创建孔

（1）创建左侧半孔

步骤 1：设置孔类型。选择孔类型为"常规孔"，设置"形状"为"简单孔"。

步骤 2：设置孔参数。在对话框的"尺寸"组中，设置"直径"为"97.5"、"深度限制"为"值"、"深度"为"5"。

步骤 3：确定孔位置。在图形窗口中，选择底座圆弧棱边以选中圆心作为孔的位置点，如图 7-19（a）序号①所示。

步骤 4：设置孔方向。在对话框的"方向"组中设置"孔方向"为"沿矢量"，在图形窗口中选择 Y 轴方向（或选择底座半圆柱面以选中轴心）作为孔矢量方向，如图 7-19 序号②所示，显示孔预览特征，如图 7-19（b）所示。

步骤 5：结束"孔"命令。单击"确定"，完成左侧半孔的创建，如图 7-20 所示。

（2）创建右侧半孔

按照相同的方法，创建另一侧直径为"30"的半孔，如图 7-20 所示。

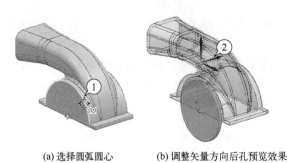

(a) 选择圆弧圆心　(b) 调整矢量方向后孔预览效果

图 7-19　创建左侧半孔的步骤　　　　　图 7-20　下部两侧半孔

（3）创建单个通孔

步骤 1：设置孔类型。选择孔类型为"常规孔"，设置"形状"为"简单孔"。

步骤 2：设置孔参数。在对话框的"尺寸"组中，设置"直径"为"5.5"、"深度限制"为"贯通体"。

步骤 3：确定孔位置。进入草图环境，确定孔位置点。选择底座上表面作为草图平面，如

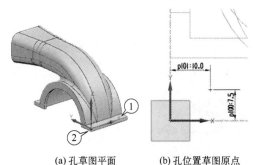

(a) 孔草图平面　(b) 孔位置草图原点

图 7-21　孔平面和草图

图 7-21（a）序号①所示，草图原点位于棱点，如图 7-21 序号②所示。孔位置的草图原点如图 7-21（b）所示。

（4）创建阵列孔

步骤 1：执行"阵列"命令。在"主页"选项卡的"特征"组中单击"阵列特征"，弹出"阵列特征"对话框。

步骤 2：选择阵列对象。在图形窗口中选择刚创建的通孔。

步骤 3：确定阵列方式。在对话框的"阵列定义"组中设置"布局"为"线性"，如图 7-22 序号①所示。

步骤 4：选择阵列方向 1。在对话框的"阵列定义"组中，单击"方向 1"组中的"指定矢量"，使之处于激活状态，如图 7-22 序号②所示；在图形窗口中，选择 Y 轴正向作为阵列方向，如图 7-22 序号③所示。

步骤 5：设置阵列参数 1。在对话框的"阵列定义"组中，设置"间距"为"数量和间隔"、"数量"为"4"、"节距"为"20"，如图 7-22 序号④所示。

步骤 6：选择阵列方向 2。在对话框的"阵列定义"组中，选中"使用方向 2"复选框，如图 7-22 序号⑤所示，则"方向 2"组中的"指定矢量"处于激活状态；在图形窗口中，选择 X 轴负向作为阵列方向，如图 7-22 序号⑥所示。如方向与预期不一致，可在对话框中单击"反向"以反转阵列方向，如图 7-22 序号⑦所示。

步骤 7：设置阵列参数 2。在对话框的"阵列定义"组中，设置"间距"为"数量和间隔"、"数量"为"2"、"节距"为"135"，如图 7-22 序号⑧所示。

步骤 8：结束"阵列"命令。单击"确定"，如图 7-22 序号⑨所示，完成通孔的阵列。

（5）保存文件

使用"测量"命令测量上箱体的体积为"227380.7037mm³"，之后隐藏基准坐标系、基准平面和草图，显示轴侧视图，然后保存文件。

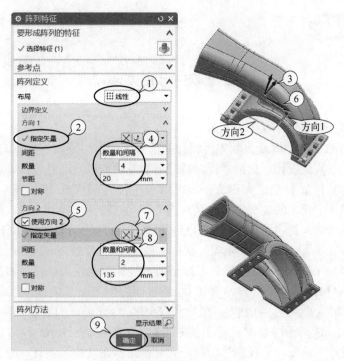

图 7-22 阵列通孔的步骤

拓展提高

★创建天圆地方模型

使用"扫掠"命令创建曲面或实体时,截面线通常应为相同形状或是近似形状。当截面线为不同形状的曲线时,需注意要对齐关键点。如图 7-23(a)所示创建天圆地方模型,顶部截面线为圆形,底部截面线为方形,如不对齐关键点,则创建的模型如图 7-23(b)所示。所以,需要在"扫掠"对话框的"截面选项"组中设置"对齐"选项为"根据点",再指定 2 组截面线上应对齐的点,则创建的模型如图 7-23(c)所示。

(a) 截面线和引导线   (b) 未指定对齐点   (c) 指定对齐点

图 7-23 天圆地方模型

课后练习

创建附录图库附图 35 所示模型。

📚 **学海导航**

工业软件行业状况

★华天 SINOVATION 和 CrownCAD

　　华天·SINOVATION 是体现国际先进设计制造水平的自主版权的三维 CAD/CAM 软件，具有混合建模、参数化设计、直接建模、特征造型等功能以及产品设计动态导航技术，可对设计模型进行实时质量验证和评价；其提供了完备的 GB/QB/ 模具等标准件、常用件，支持自上而下和自下而上的装配建模，具有静态和动态的干涉检查功能，能更加快捷地创建符合国标的工程图；提供了产品制造信息（PMI）及可以与 PDM、CAPP、MPM 等管理软件紧密集成的三维数模轻量化浏览器，支持各种主流 CAD 数据转换和用户深层次专业开发；提供了 CAM 加工技术，冲压模具、注塑模具设计以及消失模设计加工、激光切割控制等专业技术；CAM 模块支持 2 轴、3 轴以及 5 轴固定的钻铣加工编程，可成熟应用于模具、齿轮、发动机等制造业企业，在精度、效率和安全性方面经过了行业验证。

　　华天 CrownCAD 是国内首款、完全自主的基于云架构的三维 CAD 设计平台，包含数据转换、零件设计、装配、工程图等功能，具有多用户在线协同设计、版本管理、项目分享等云架构带来的特点，用户在任意地点和终端打开浏览器即可进行产品设计和协同分享。

项目 8

创建花瓶模型

本项目通过创建花瓶模型（图8-1）达到如下学习目的：

☆掌握"椭圆"等草图曲线命令的使用。

☆掌握"通过曲线网格"等曲面建模命令的使用。

☆巩固"抽壳"（非等壁厚）等特征建模命令的使用。

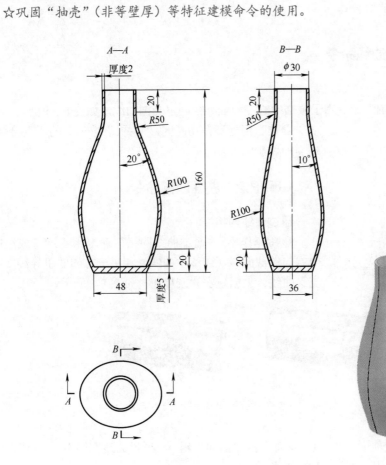

图 8-1　花瓶模型

📄 项目分析

花瓶的口为圆形、底为椭圆形，而且口小肚大，是典型的曲面实体。建模时，先绘制花瓶网格曲线，再使用"通过曲线网格"命令创建实体，最后进行抽壳，如图 8-2 所示。

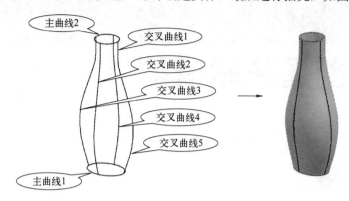

图 8-2　花瓶模型的建模思路

🌱 相关知识

知识 8.1　草图曲线命令

椭圆

◎命令作用。"椭圆"命令用于根据中心点和轴半径创建椭圆曲线，如图 8-3 所示。

◎位于何处？在功能区，"主页"选项卡的"直接草图"组→"椭圆" ⬭。

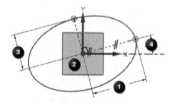

图 8-3　"椭圆"命令应用示例
①—长轴半径；②—中心点；
③—短轴半径；④—旋转角度

知识 8.2　曲面建模命令

通过曲线网格

◎命令作用。"通过曲线网格"命令用于通过成组的一个方向的截面线（或称主曲线）和另一方向的引导线（或称交叉曲线）来创建实体或片体，如图 8-4 所示。

图 8-4　"通过曲线网格"命令应用示例 1

◎位于何处？在功能区，"主页"选项卡的"曲面"组→"通过曲线网格" 📄，或在"曲面"选项卡的"曲面"组→"通过曲线网格" 📄。

应用"通过曲线网格"命令时，成组主曲线必须大致保持平行，且成组交叉曲线也必须大致保持平行。所以构造曲面时，应该将一组同方向的截面线定义为主曲线，而将另一组大致垂直于主曲线的引导线定义为交叉曲线。

另外，可以使用点而非曲线作为第一条或最后一条主曲线。如图 8-5 所示曲面，主曲线由点 1、曲线 4 和点 2 组成，交叉曲线由曲线 1、曲线 2 和曲线 3 组成。

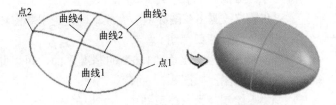

图 8-5　"通过曲线网格"命令应用示例 2

🚀 项目实施

任务 8.1　绘制网格曲线

（1）新建文件

新建一个 NX 文件，名称为"花瓶 .prt"。

（2）绘制瓶底草图

步骤 1：进入草图环境。 选择 XY 平面作为草图平面，进入草图环境。

步骤 2：执行"椭圆"命令。 在"主页"选项卡的"直接草图"组中单击"椭圆" ，如图 8-6 序号①～②所示，弹出"椭圆"对话框。

绘制网格
曲线（1）

步骤 3：确定椭圆中心。 在图形窗口中，选择草图原点作为椭圆中心，如图 8-6 序号③所示。

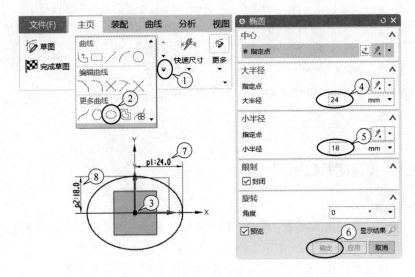

图 8-6　"椭圆"对话框与绘制椭圆草图的步骤

步骤 4：设置椭圆大小。 在对话框中，设置"大半径"为"24"、"小半径"为"18"，如图 8-6 序号④～⑤所示。

步骤 5：结束"椭圆"命令。 单击"确定"，如图 8-6 序号⑥所示，关闭"椭圆"对话框。

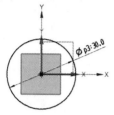

图 8-7 瓶口圆形草图

步骤 6：标注椭圆尺寸。 选择椭圆曲线和草图 X 轴、Y 轴标注椭圆尺寸，如图 8-6 序号⑦～⑧所示。

步骤 7：退出草图环境。 完成草图，退出草图环境。

（3）绘制瓶口草图

创建距离 XY 平面"160"的基准平面，再以此平面为草图平面绘制圆形草图，如图 8-7 所示。

（4）绘制交叉曲线草图 1

绘制网格曲线（2）

步骤 1：绘制单侧草图。 以 XZ 平面为草图平面，在草图 Y 轴的右侧绘制草图曲线，如图 8-8（a）所示。

步骤 2：镜像草图曲线。 以草图 Y 轴为中心线镜像曲线，如图 8-8（b）所示。

（5）绘制瓶体草图 2

步骤 1：绘制单侧草图。 以 YZ 平面为草图平面，在草图 Y 轴的右侧绘制草图曲线，如图 8-9（a）所示。

步骤 2：镜像草图曲线。 以草图 Y 轴为中心线镜像曲线，如图 8-9（b）所示。

建花瓶实体

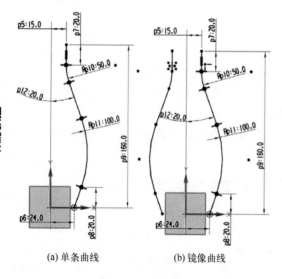

(a) 单条曲线　　　　(b) 镜像曲线

图 8-8 交叉曲线草图 1

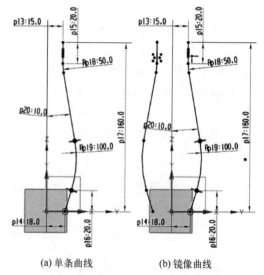

(a) 单条曲线　　　　(b) 镜像曲线

图 8-9 交叉曲线草图 2

任务 8.2 创建花瓶实体

（1）创建花瓶实体

步骤 1：执行"通过曲线网格"命令。 在"主页"选项卡的"曲面"组中单击"通过曲线网格" ，如图 8-10 序号①～②所示，弹出"通过曲线网格"对话框。

步骤 2：选择主曲线 1。 在图形窗口中，选择底部椭圆草图作为主曲线 1，如图 8-10 序号③所示。

　　步骤 3：选择主曲线 2。在对话框的"主曲线"组中单击"添加新集" 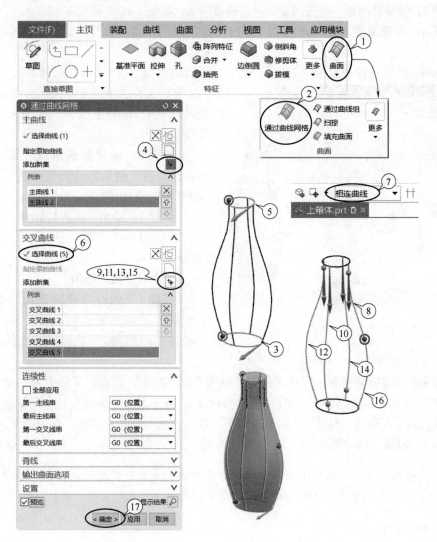 或单击鼠标中键，如图 8-10 序号④所示，在图形窗口中选择顶部圆形草图作为主曲线 2，如图 8-10 序号⑤所示，并使两组主曲线的箭头方向一致，否则单击"反向"。

　　步骤 4：选择交叉曲线 1。在对话框的"交叉曲线"组中，单击"选择曲线"，使其处于激活状态，如图 8-10 序号⑥所示，或者单击鼠标中键两次；在上边框条"曲线规则"列表中，选择"相连曲线"，如图 8-10 序号⑦所示；在图形窗口中，选择其中一条相连曲线作为交叉曲线 1，如图 8-10 序号⑧所示。

　　步骤 5：选择交叉曲线 2。在对话框的"交叉曲线"组中，单击"添加新集" 或单击鼠标中键，如图 8-10 序号⑨所示；在图形窗口中，顺时针选择下一条相连曲线作为交叉曲线 2，如图 8-10 序号⑩所示，并使交叉曲线的箭头方向一致，否则单击"反向"。

　　步骤 6：选择交叉曲线 3。在对话框的"交叉曲线"组中，单击"添加新集" 或单击鼠标中键，如图 8-10 序号⑪所示；在图形窗口中，继续按顺时针选择下一条相连曲线作为交叉曲线 3，如图 8-10 序号⑫所示。

图 8-10　"通过曲线网格"对话框与创建花瓶实体的步骤

步骤 7：选择交叉曲线 4。在对话框的"交叉曲线"组中，单击"添加新集" 💱 或单击鼠标中键，如图 8-10 序号 ⑬ 所示；在图形窗口中，继续按顺时针选择下一条相连曲线作为交叉曲线 4，如图 8-10 序号 ⑭ 所示。

步骤 8：选择交叉曲线 5。在对话框的"交叉曲线"组中，单击"添加新集" 💱 或单击鼠标中键，如图 8-10 序号 ⑮ 所示；在图形窗口中，选择交叉曲线 1 作为交叉曲线 5，如图 8-10 序号 ⑯ 所示。图形窗口显示预览特征。

步骤 9：结束"通过曲线网格"命令。单击"确定"或鼠标中键，如图 8-10 序号 ⑰ 所示，完成实体的创建。

（2）创建花瓶壳体

步骤 1：启动"抽壳"命令。在"主页"选项卡的"特征"组中单击"抽壳" 🔲，弹出"抽壳"对话框。

步骤 2：选择抽壳类型。在"抽壳"对话框中，选择类型为"移除面，然后抽壳"，如图 8-11 序号①所示。

步骤 3：选择移除面。在图形窗口中选择瓶口面，如图 8-11 序号②所示。

步骤 4：设置厚度。在对话框的"厚度"组中设置"厚度"为"2"，如图 8-11 序号③所示。

步骤 5：选择备选厚度面。在对话框的"备选厚度"组中，单击"选择面"，使其处于

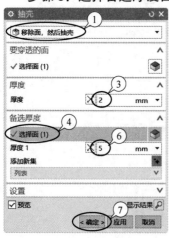

激活状态，如图 8-11 序号④所示；在图形窗口中，选择瓶底面，如图 8-11 序号⑤所示。

步骤 6：设置备选厚度。在对话框的"备选厚度"组中，设置"厚度 1"为"5"，如图 8-11 序号⑥所示。

步骤 7：结束"抽壳"命令。单击"确定"，如图 8-11 序号⑦所示，完成壳体的创建。

图 8-11 "抽壳"对话框与创建花瓶壳体的步骤

（3）显示瓶内结构

步骤 1：执行"编辑截面"命令。在"视图"选项卡的"可见性"组中，单击"编辑截面" 🔲，弹出"视图剖切"对话框，如图 8-12 序号①所示。

步骤 2：指定剖切平面。在对话框的"剖切平面"组中，设置"平面"为"设置平面至 Y" 🔲 选项，如图 8-12 序号②所示；在图形窗口中，显示花瓶壳体模型剖切预览结果，如图 8-12 序号③所示。拖动"偏置"工具条（如图 8-12 序号④所示）可改变剖切面的位置。

步骤 3：取消"编辑截面"命令。单击"取消"，取消截面视图。

💡 提示：使用"编辑截面"命令可编辑工作视图截面或在没有截面的情况下新建一个截面视图，以检查或观察复杂部件的内部，或查看装配部件之间的交互关系。

（4）保存文件

使用"测量"命令测量花瓶的体积为"54736.2644mm^3"，之后隐藏基准坐标系、基准平

面和草图，显示轴侧视图，然后保存文件。

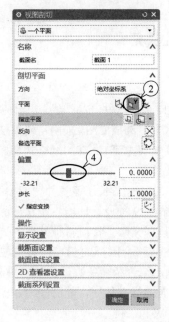  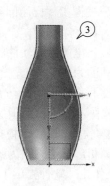

图 8-12　"视图剖切"对话框和瓶体截面

拓展提高

★绘制艺术样条曲线

在对日常生活用品建模时，由于产品表面往往呈现出复杂的曲面形态，通常需要先绘制曲线，再由曲线构造面，最后由曲面构造实体。在草图曲线和空间曲线中，均有"艺术样条"命令。

（1）草图曲线中的"艺术样条"命令

◎命令作用。"艺术样条"命令用于通过点或根据极点来创建样条曲线，如图 8-13 所示。

◎位于何处？在功能区，"主页"选项卡的"直接草图"组→"艺术样条" 。

（2）空间曲线中的"艺术样条"命令

◎命令作用。"艺术样条"命令用于通过点或根据极点来创建样条曲线。

◎位于何处？在功能区，"曲线"选项卡的"曲线"组→"艺术样条" 。

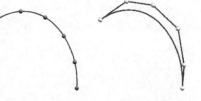

(a)"通过点"方法　　(b)"根据极点"方法

图 8-13　"艺术样条"命令应用示例

课后练习

创建附录图库附图 37 所示模型。

📚 学海导航

工业软件行业状况

★浩辰 CAD 和 3D

浩辰 CAD 是一款拥有自主核心技术的 2D CAD 平台软件产品，经过二十余年的持续研发和精益创新，软件部分关键指标已达国际先进水平。浩辰 CAD 采用自研算法和多核并行运算技术，超大图纸运行流畅、稳定，全面、完美兼容主流 CAD 图纸格式和操作习惯，深度兼容主流建筑、水、暖、电等专业软件的自定义对象。

浩辰 3D 是自主品牌的 3D 软件，融合了顺序、快速、细分等多种智能参数建模技术，涵盖零件设计、装配、工程图、钣金、仿真、动画等 29 种设计环境，是从产品设计到制造全流程的高端 3D 设计软件。浩辰 3D 的快速建模技术突破了传统特征建模的局限，支持直接对零件模型进行编辑。软件基于 3D 模型快速生成符合国标的 2D 工程图，并支持将 2D 的 DWG 的各个视图轮廓和尺寸信息作为建模草图，结合智能参数建模技术快速生成 3D 模型，真正实现 2D+3D 一体化。软件提供了丰富全面的标准件库，能够轻松、流畅地创建和管理超大型装配，快速检测并修复零部件之间的冲突和干扰。

项目 9

创建风扇叶片模型

学习目标

本项目通过创建风扇叶片模型（图9-1）达到如下学习目的：

☆掌握"螺旋""文本"等空间曲线命令的使用。

☆掌握"通过曲线组""修剪片体""加厚"等曲面建模命令的使用。

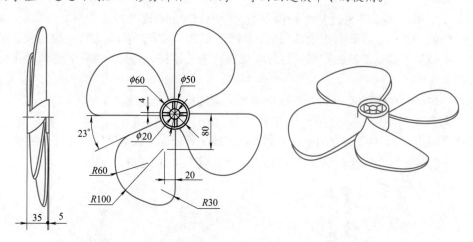

已知：螺旋线高度30mm，圈数0.2，叶片厚度2mm。

图9-1　风扇叶片模型

项目分析

风扇叶片可拆分为叶片和芯轴两个部分，创建叶片是建模的关键。叶片曲面呈螺旋状，可使用螺旋线（如图9-2序号①所示）来创建螺旋状曲面（如序号②所示），再通过修剪片体命令裁剪成叶片形状（如序号③所示），之后用曲面加厚命令创建叶片实体（如序号④所示），最后创建多个叶片实体和芯轴（如序号⑤～⑥所示），得到最终的风扇叶片模型。

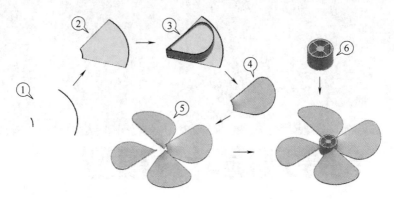

图 9-2　叶片模型的建模思路

🌱 相关知识

知识 9.1　空间曲线命令

（1）螺旋

◎命令作用。"螺旋"命令用于沿指定的矢量或脊线创建螺旋线，如图 9-3 所示。螺旋线是一种特殊的规律曲线，具有指定的圈数、螺距、弧度、旋转方向和方位。螺旋线的应用比较广泛，主要用于螺旋特征的扫描轨迹线，如机械上的螺杆、螺母、螺钉和弹簧等零件都是典型的螺旋线形状。

◎位于何处？在功能区，"曲线"选项卡的"曲线"组→"螺旋"🌀。

（2）文本

◎命令应用。"文本"命令用于在平面上、曲线上和曲面上创建文字，如图 9-4 所示。

◎位于何处？在功能区，"曲线"选项卡的"曲线"组→"文本"Ａ。

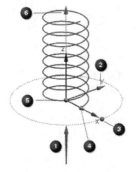

图 9-3　"螺旋"命令应用示例

①—矢量；②—坐标系；③—角度手柄；④—直径 / 半径手柄；⑤—长度起始限制；⑥—长度终止限制

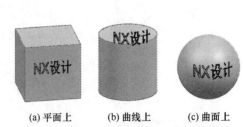

(a) 平面上　(b) 曲线上　(c) 曲面上

图 9-4　"文本"命令应用示例

知识 9.2　曲面建模命令

（1）通过曲线组

◎命令作用。"通过曲线组"命令用于通过一系列截面线串（大致在同一方向）来创建片体或实体，如图 9-5 所示。截面线串可以是曲线、实体边或实体面等几何体的任意组合，当截面线串封闭时，可创建实体。

◎位于何处？在功能区，"主页"选项卡的"曲面"组→"通过曲线组" ⬚ ，或"曲面"选项卡的"曲面"组→"通过曲线组" ⬚ 。

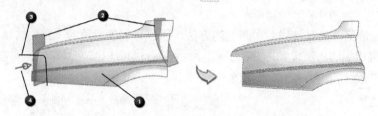

图 9-5 "通过曲线组"命令应用示例

（2）修剪片体

◎命令作用。"修剪片体"命令用于使用边界对象来修剪指定的片体从而得到相应的轮廓形状。边界对象可以是曲线，实体或片体的边界，实体或片体的表面，以及基准平面等。如图 9-6 所示，一个片体被两个相交曲面和一组投影曲线修剪。

◎位于何处？在功能区，"主页"选项卡的"曲面"组→"更多"→"修剪片体" ⬚ ，或"曲面"选项卡的"曲面操作"组→"修剪片体" ⬚ 。

图 9-6 "修剪片体"命令应用示例

①—要修剪的片体；②—选作边界对象的相交曲面；③—选作边界对象的曲线；
④—为所选边界曲线选定的投影方向

创建叶片曲面（1）

（3）加厚

◎命令作用。"加厚"命令用于将曲面沿着法向拉伸形成新的实体，如图 9-7 所示。

◎位于何处？在功能区，"主页"选项卡的"曲面"组→"更多"→"加厚" ⬚ ，或"曲面"选项卡的"曲面操作"组→"加厚" ⬚ 。

"加厚"与"拉伸"命令不同："加厚"命令拉伸的是曲面，而不是曲线；"加厚"命令沿曲面的法向进行拉伸，而"拉伸"命令需要定义拉伸的矢量方向，可以不是法向。

图 9-7 "加厚"命令应用示例

✈ 项目实施

任务 9.1 创建叶片曲面

（1）新建文件

新建一个 NX 文件，名称为"风扇叶片 .prt"。

（2）绘制螺旋线

步骤 1：执行"螺旋"命令。在"曲线"选项卡的"曲线"组中单击"螺旋" ⬚ ，如图 9-8 序号①所示，弹出"螺旋"对话框。

步骤 2：选择螺旋线类型。在对话框中，选择"沿矢量"类型，如图 9-8 序号②所示。

创建叶片
曲面（2）

步骤 3：设置螺旋线起始角。在对话框的"方位"组中，设置"角度"为"20"，如图 9-8 序号③所示，即设置螺旋线从与 X 轴成 20°的角度线位置开始。

💡 **提示：**"方位"组中的"角度"参数用于指定螺旋线的起始角。起始角为"0"时，螺旋线起点将与指定坐标系的 X 轴对齐。

步骤 4：设置螺旋线参数。在对话框的"大小"组中，选择"半径"，设置"规律类型"为"恒定"、"值"为"200"，如图 9-8 序号④～⑤所示，在"螺距"组中，设置"规律类型"为"恒定"、"值"为"150"，如图 9-8 序号⑥所示；在"长度"组中，设置"方法"为"圈数"、"圈数"为"0.2"，如图 9-8 序号⑦所示。

步骤 5：设置螺旋线方向。在对话框的"设置"组中，设置"旋转方向"为"右手"，如图 9-8 序号⑧所示。

步骤 6：结束"螺旋线"命令。单击"应用"，如图 9-8 序号⑨所示，完成半径为"200"的螺旋线的创建，如图 9-8 序号⑩所示。

步骤 7：绘制另一条螺旋线。参照上述方法，创建另一条半径为"20"的螺旋线，其他参数与前一条螺旋线相同，结果如图 9-8 序号⑪所示。

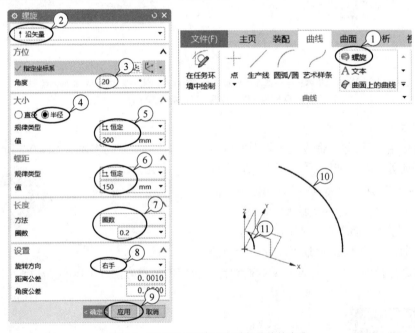

图 9-8 "螺旋"对话框和创建螺旋线的步骤

（3）创建螺旋曲面

步骤 1：执行"通过曲线组"命令。在"主页"选项卡的"曲面"组中，单击"通过曲线组"，如图 9-9 序号①～②所示，弹出"通过曲线组"对话框。

步骤 2：选择第一组截面曲线。在图形窗口中，选择其中一条螺旋线，如图 9-9 序号③所示。

步骤 3：选择第二组截面曲线。在对话框的"截面"组中，单击"添加新集" ✦ 或单击鼠标中键，如图 9-9 序号④所示；在图形窗口中，选择另一条螺旋线，如图 9-9 序号⑤所示。

步骤 4：结束"通过曲线组"命令。单击"确定"，如图 9-9 序号⑥所示，完成螺旋曲面的创建。

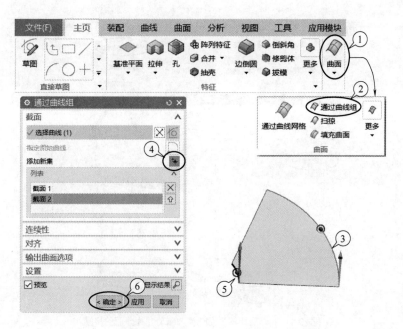

图 9-9 "通过曲线组"对话框和创建螺旋曲面的步骤

（4）创建修剪曲面

步骤 1：绘制草图。以 XY 平面为草图平面绘制草图，如图 9-10（a）所示。

步骤 2：创建片体。使用"拉伸"命令，选择刚绘制的草图，在对话框的"设置"组中设置"体类型"为"片体"，创建高度为 40mm 的片体，如图 9-10（b）所示。

（5）修剪螺旋曲面

步骤 1：执行"修剪片体"命令。在"曲面"选项卡的"曲面操作"组中，单击"修剪片体" ，如图 9-11 序号①所示，弹出"修剪片体"对话框。

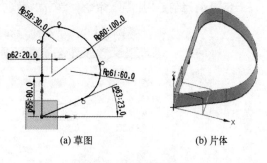

(a) 草图 (b) 片体

图 9-10 创建修剪片体

步骤 2：选择修剪目标。在图形窗口中，单击螺旋曲面的中间位置以选择该曲面作为修剪对象，如图 9-11 序号②所示。

步骤 3：选择修剪边界。在对话框的"边界"组中，单击"选择对象"以使其处于激活状态，如图 9-11 序号③所示；在图形窗口中，选择拉伸片体作为修剪边界，如图 9-11 序号④所示。

步骤 4：设置保留区域。在对话框的"区域"组中，选择"保留"单选框，如图 9-11 序号⑤所示，以保留单击选择曲面时的区域，即内部区域。

步骤 5：结束"修剪片体"命令。单击"确定"，如图 9-11 序号⑥所示，完成曲面的修剪。

任务 9.2 创建叶片实体

（1）创建单个叶片实体

步骤 1：执行"加厚"命令。在"曲面"选项卡的"曲面操作"组中，单击"加厚"如图 9-12 序号①所示，弹出"加厚"对话框。

创建叶片
实体

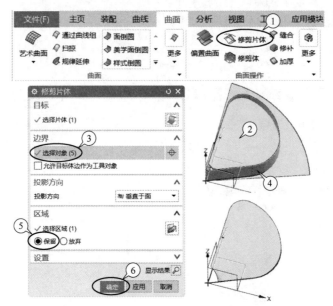

图 9-11 "修剪片体"对话框和修剪叶片曲面的步骤

步骤 2：选择叶片曲面。 在图形窗口中，选择修剪后的叶片曲面，如图 9-12 序号②所示。

步骤 3：设置叶片厚度。 在对话框的"厚度"组中，设置"偏置 1"为"2"，如图 9-12 序号③所示。

步骤 4：结束"加厚"命令。 单击"确定"，如图 9-12 序号④所示，完成叶片实体的创建。

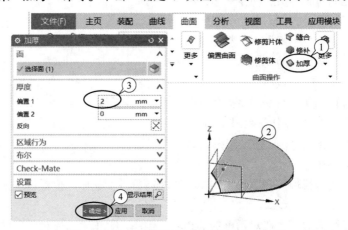

图 9-12 "加厚"对话框和创建叶片实体的步骤

（2）阵列叶片实体

使用"阵列特征"命令，选择叶片实体作为阵列对象，如图 9-13 序号①所示，以坐标系 Z 轴为旋转轴，如图 9-13 序号②所示，进行"圆形"阵列，结果如图 9-13 序号③所示。

图 9-13 阵列叶片实体步骤

任务 9.3 创建轴部实体

（1）创建圆柱体

步骤 1：绘制草图。 以 XY 平面为草图平面，以草图原点为圆心，绘制直径为"60"的圆形草图。

步骤 2：创建圆柱体。 使用"拉伸"命令，设置"开始"为"-5"、"结束"为"35"，创建圆柱体，如图 9-14 所示。

创建轴部实体

（2）创建求和实体

使用"合并"命令，将圆柱体和所有叶片实体求和，形成一个实体。

（3）创建内部空槽

步骤 1：绘制草图。 选择圆柱上表面作为草图平面绘制草图，如图 9-15 所示。

步骤 2：创建空槽。 使用"拉伸"命令，设置"开始"为"0"、"结束"为"35"，创建内部空槽，如图 9-16 所示。

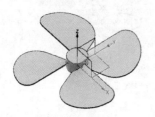
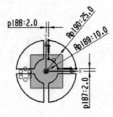
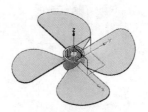

图 9-14 创建圆柱体   图 9-15 内部空槽草图   图 9-16 内部空槽特征

（4）保存文件

使用"测量"命令测量阶梯轴的体积为"190704.0974mm³"，之后隐藏基准坐标系、基准平面和草图，显示轴侧视图，然后保存文件。

拓展提高

★五角星的建模

"通过曲线组"命令中的截面线串也可以是点。如图 9-17 所示的五角星模型，使用"通过曲线组"命令建模的要点如下：

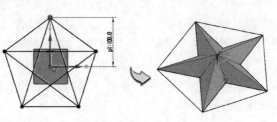

图 9-17 五角星模型

在"通过曲线组"对话框中，图 9-18 序号①所示的截面 1 为一个点。设置该点时，在对话框"截面"组中单击，在弹出的"点"对话框中输入点坐标值"Z"为"30.0000000"，如图 9-18 序号②~③所示。图 9-18 序号④所示的截面 2 为 10 条线段，如图 9-18 序号⑤~⑭所示。另外，在对话框"对齐"组中，选中"保留形状"复选框，如图 9-18 序号⑮所示。

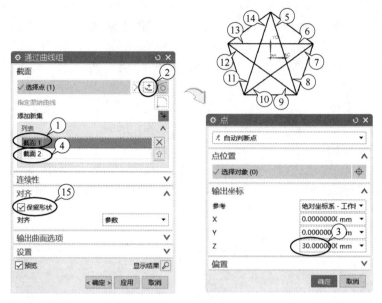

图 9-18 "通过曲线组"和"点"对话框及创建五角星模型的步骤

课后练习

创建附录图库附图 39 所示模型。

学海导航

工业软件行业状况

★新迪天工 CAD 和天工云 CAD

新迪天工 CAD 是一款国产自主可控的三维 CAD 软件，产品成熟度和技术能力比肩国际先进水平，可满足工业企业研发设计需求。软件成熟稳定、功能强大、易学易用、全面兼容，可以显著提升产品设计质量和效率，助力企业实现工业软件正版化和国产替代。天工 CAD 三维设计能力强大，具有顺序建模、直接建模、收敛建模等多种建模方式，可自由高效完成产品设计和变更；支持自顶向下和自底向上的设计模式，可满足大规模复杂产品装配需求；能够快速出工程图，高效对接生产；可快速从 2D 图纸创建 3D 模型，可自动识别图纸中的标注信息并创建特征及 PMI 标注。

新迪天工云 CAD 是一款全新的工业云软件产品，面向产品研发设计过程，满足三维设计、数据管理、协同共享等"端到端"应用的需求。采用新颖的"端 + 云"融合架构和统一的云端产品数据模型，所有数据在云端集中存储，设计数据安全可靠、应用场景一体集成、IT 管理规范灵活。帮助企业实现"云协同"环境中的高效设计与顺畅沟通。

创建弯管模型

空间曲线有别于草图曲线，它无须进入草图环境即可直接绘制，既可以在某个平面上绘制，也可以构建不依赖于某个平面的空间自由曲线，如螺旋线等。

本项目通过创建弯管模型（图 10-1）达到如下学习目的：

☆掌握"投影曲线"等草图曲线命令的使用。

☆掌握"生产线""圆弧 / 圆""修剪曲线"等空间曲线命令的使用。

☆掌握管等曲面建模命令的使用。

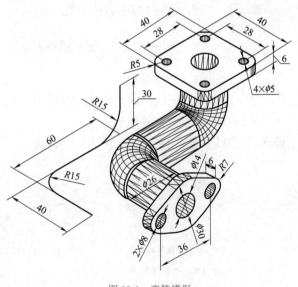

图 10-1　弯管模型

弯管由中间的主体和两端的连接部分组成，如图 10-2 所示。弯管中间的实体可使用"管"命令来创建，而关键是绘制管的三维引导线。

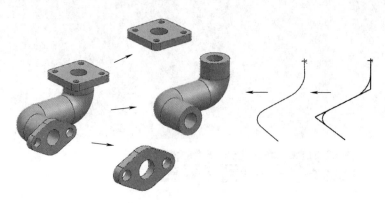

图 10-2　弯管模型的建模思路

相关知识

知识 10.1　草图曲线命令

投影曲线

◎命令应用。"投影曲线"命令用于将草图外部的曲线、边或点沿草图平面的法向投影到草图上来创建曲线，如图 10-3 所示。

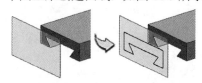

◎位于何处？在功能区，"主页"选项卡的"直接草图"组→"投影曲线" 📦 。

知识 10.2　空间曲线命令

图 10-3　"投影曲线"命令应用示例

（1）直线

◎命令应用。"直线"命令用于通过空间的两点创建一条直线，也可创建与某一直线平行、成角度或与某一圆弧相切的直线，如图 10-4 所示。

◎位于何处？在功能区，"曲线"选项卡的"曲线"组→"直线" ／ 。

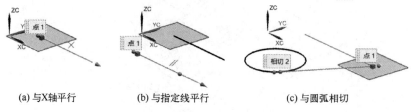

(a) 与X轴平行　　　　　(b) 与指定线平行　　　　　(c) 与圆弧相切

图 10-4　"直线"命令应用示例

（2）圆弧 / 圆

◎命令应用。"圆弧 / 圆"命令用于创建空间圆弧和圆特征，如图 10-5 所示。

◎位于何处？在功能区，"曲线"选项卡的"曲线"组→"圆弧 / 圆" ⌒ 。

（3）修剪曲线

◎命令应用。"修剪曲线"命令用于修剪或延伸曲线到选定的边界对象，如图 10-6 所示。

◎位于何处？在功能区，"曲线"选项卡的"编辑曲线"组→"修剪曲线" ┼ 。

(a) 通过三点画圆弧　　　　(b) 从中心开始画圆弧

图 10-5　"圆弧/圆"命令示例

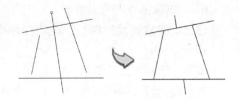

图 10-6　"修剪曲线"命令应用示例

项目实施

任务 10.1　创建弯管实体

（1）新建文件

新建一个 NX 文件，名称为"弯管.prt"。

（2）绘制直线

步骤 1：执行"直线"命令。 在"曲线"选项卡的"曲线"组中单击"生产线" ╱ ，如图 10-7 序号①所示。

步骤 2：确定直线起点。 在图形窗口中，选择基准坐标系原点作为直线的起点，如图 10-7 序号②所示；移动光标，将显示自动判断的平面和预览直线。

步骤 3：确定直线方向。 沿 Z 轴负向移动光标，直至预览直线捕捉到 Z 轴并出现 Z 标签时，单击鼠标左键将直线的方向设置为 Z 轴方向，如图 10-7 序号③所示；或在对话框的"结束"组中设置"终点选项"为"zc 沿 ZC"，如图 10-7 序号④所示。此时，直线锁定到 Z 轴，且自动平面发生更改以匹配 YZ 平面。

创建弯管实体

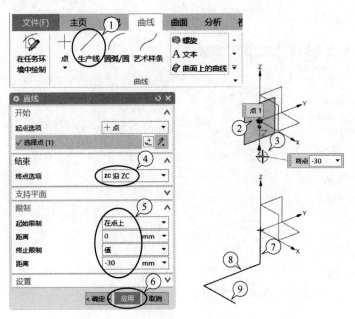

图 10-7　"直线"对话框与绘制直线的步骤

步骤 4：**确定直线长度**。在对话框的"限制"组中，设置"终止限制"为"值"、"距离"为"-30"，如图 10-7 序号⑤所示。

步骤 5：**完成直线绘制**。单击"应用"，完成与 Z 轴平行的直线的绘制，如图 10-7 序号⑥～⑦所示。

步骤 6：**绘制第二条直线**。在图形窗口中，选择刚绘制的直线的终点作为直线的起点；沿 Y 轴负向移动光标，绘制与 Y 轴平行、长度为 60 的直线，如图 10-7 序号⑧所示。

步骤 7：**绘制第三条直线**。选择前一条直线的终点作为直线的起点，再沿 X 轴正向绘制与 X 轴平行、长度为 40 的直线，如图 10-7 序号⑨所示。

步骤 8：**结束"直线"命令**。单击"确定"或鼠标中键，结束"生产线"命令。

（3）绘制圆弧

步骤 1：**执行"圆弧/圆"命令**。在"曲线"选项卡的"曲线"组中，单击"圆弧/圆" ，如图 10-8 序号①所示，弹出"圆弧/圆"对话框。

步骤 2：**选择圆弧类型**。在对话框中，选择"三点画圆弧"，如图 10-8 序号②所示。

步骤 3：**选择圆弧起点**。在对话框的"起点"组中，设置"起点选项"为"相切"，如图 10-8 序号③所示；在图形窗口中，选择与 Z 轴平行的直线，如图 10-8 序号④所示。

步骤 4：**选择圆弧终点**。在对话框的"端点"组中，设置"终点选项"为"相切"，如图 10-8 序号⑤所示；在图形窗口中，选择与 Y 轴平行的直线，如图 10-8 序号⑥所示。

步骤 5：**指定圆弧半径**。移动光标将显示自动平面和预览圆弧，当预览圆弧处于如图 10-8 序号⑦所示的位置时，按"Enter"键以定位圆弧；在对话框的"大小"组中设置"半径"为"15"，如图 10-8 序号⑧所示。

步骤 6：**完成圆弧绘制**。单击"应用"，如图 10-8 序号⑨所示，完成第一条圆弧的绘制，如图 10-8 序号⑩所示。

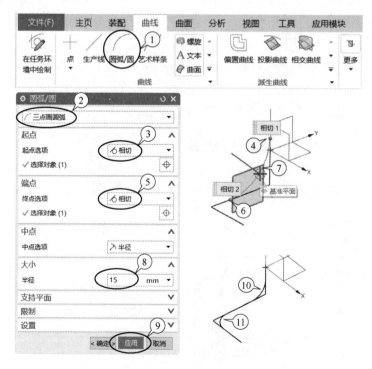

图 10-8 "圆弧/圆"对话框与绘制圆弧的步骤

步骤 7：绘制另一条圆弧。 按照相同的方法，在图形窗口中，选择与 Y 轴平行的直线和与 X 轴平行的直线，绘制半径为"15"的相切圆弧，如图 10-8 序号⑪所示。

步骤 8：结束"圆弧／圆"命令。 单击"确定"或鼠标中键，结束"圆弧／圆"命令。

（4）修剪曲线

步骤 1：执行"修剪直线"命令。 在"曲线"选项卡的"编辑曲线"组中，单击"修剪曲线" ，如图 10-9 序号①所示，弹出"修剪曲线"对话框。

步骤 2：选择要修剪的曲线。 在图形窗口中，单击与 Z 轴平行的直线的上部（即要保留的一侧）以选择该直线作为要修剪的曲线，如图 10-9 序号②所示。

步骤 3：指定边界对象。 在图形窗口中，选择与要修剪的直线相切的圆弧作为边界对象，如图 10-9 序号③所示。

步骤 4：设置修剪方式。 在对话框的"修剪或分割"组中，确认"操作"为"修剪"，"方向"为"最短的 3D 距离"，选择"保留"单选框，如图 10-9 序号④～⑤所示。

步骤 5：结束"修剪直线"命令。 单击"应用"，如图 10-9 序号⑥所示，修剪后的直线如图 10-9 序号⑦所示。

步骤 6：修剪其他直线。 参照上述步骤，修剪其余两条直线，如图 10-9 序号⑧～⑨所示。

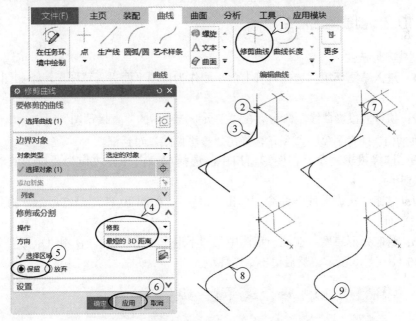

图 10-9　"修剪直线"对话框与修剪直线的步骤

（5）创建弯管实体

步骤 1：执行"管"命令。 在"曲面"选项卡的"曲面"组中，单击"更多"→"管" ，如图 10-10 序号①～②所示，弹出"管"对话框。

步骤 2：选择路径曲线。 在图形窗口中，选择空间曲线，如图 10-10 序号③所示，并显示管道预览特征。

步骤 3：设置横截面参数。 在对话框的"横截面"组中，设置"外径"为"26"、"内径"为"14"，如图 10-10 序号④所示。

步骤 4：结束"管"命令。 单击"确定"，如图 10-10 序号⑤所示，完成弯管实体的创建，如图 10-10 序号⑥所示。

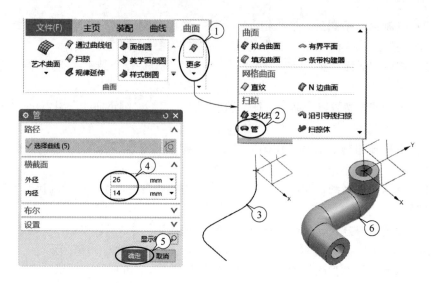

图 10-10　"管"对话框与创建弯管实体的步骤

创建两端
法兰（1）

创建两端
法兰（2）

任务 10.2　创建两端法兰

（1）创建方形法兰

步骤 1：进入草图环境。选择弯管上部平面作为草图平面进入草图环境，如图 10-11 序号①所示。

步骤 2：执行"投影曲线"命令。在"主页"选项卡的"直接草图"组中，单击"投影曲线" [图标]，如图 10-11 序号②～③所示，弹出"投影曲线"对话框。

步骤 3：选择投影对象。在图形窗口中，选择弯管内孔棱边作为要投影的对象，如图 10-11 序号④所示。

步骤 4：结束"投影曲线"命令。单击"确定"，如图 10-11 序号⑤所示，将其投影对象投影至草图平面。

步骤 5：绘制矩形草图。在同一草图中（即不退出草图环境），使用"矩形"命令绘制草图，如图 10-11 序号⑥所示。然后退出草图环境。

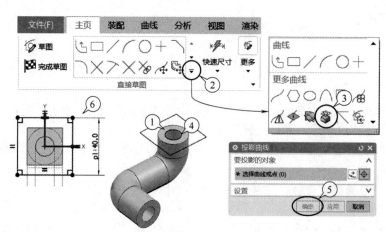

图 10-11　"投影曲线"对话框与绘制投影草图的步骤

步骤 6：创建法兰实体。 创建方形实体，厚度为"6"、圆角半径为"R5"、通孔直径为"φ5"，如图 10-12 所示。

（2）创建菱形法兰

步骤 1：进入草图环境。 选择弯管下部端面作为草图平面进入草图环境。

步骤 2：投影内孔棱边。 使用"投影曲线"命令，选择弯管内孔棱边作为要投影的对象，将其投影至草图平面。

步骤 3：绘制其他曲线。 在同一草图中（即不退出草图环境），使用"轮廓""圆""矩形"命令绘制草图，草图如图 10-13 所示。然后退出草图环境。

步骤 4：创建法兰实体。 创建菱形法兰实体，如图 10-14 所示。

图 10-12　方形法兰实体

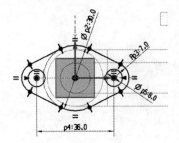

图 10-13　菱形草图

图 10-14　菱形法兰实体

（3）保存文件

使用"测量"命令测量弯管的体积为"52333.5209mm³"，之后隐藏基准坐标系、基准平面和草图，显示轴侧视图，然后保存文件。

拓展提高

★利用实体构建空间曲线

如果只需简单的直线或圆弧以辅助建模，或者构建不依赖于某个平面的空间自由曲线，如螺旋线等时，可考虑使用空间曲线命令。如果截面线比较复杂，或者需要灵活调整截面线的长度，建议还是使用草图方式绘制曲线。

对于本项目弯管实体的中心线，除前述方法外，还可以利用实体棱边获取。先创建一个长方体，再对其中两条边倒圆角，如图 10-15（a）所示，棱边曲线即为弯管中心线，如图 10-15（b）所示。

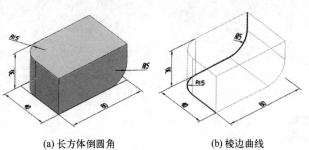

(a) 长方体倒圆角　　　　(b) 棱边曲线

图 10-15　弯管中心线

★利用空间曲线创建五角星模型

创建五角星模型，也可以使用空间曲线命令中的"生产线""修剪曲线"构建五角星线框，如图 10-16（a）所示，再使用"有界平面"或"N 边曲面"命令创建曲面，最后使用"缝合"命令创建实体，如图 10-16（b）所示，操作步骤略。

（1）有界平面

◎命令应用。"有界平面"命令用于创建由一组端点相连的平面曲线封闭的平面片体。如图 10-17 所示是选择外部一连串边界曲线作为外边界，选择内部孔边界作为内边界而创建的平面。

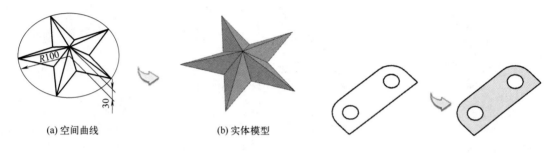

(a) 空间曲线   (b) 实体模型

图 10-16   五角星模型   图 10-17 "有界平面"命令应用示例

◎位于何处？在功能区，"主页"选项卡的"曲面"组→"更多"→"有界平面" 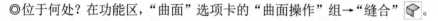，或"曲面"选项卡的"曲面"组→"更多"→"有界平面" 。

（2）N 边曲面

◎命令应用。"N 边曲面"命令用于创建由一组端点相连的曲线封闭的曲面，如图 10-18 所示。

◎位于何处？在功能区，"曲面"选项卡的"曲面"组→"更多"→"N 边曲面" 。

（3）缝合

◎命令应用。"缝合"命令用于将两个或更多片体连接成单个新片体，如图 10-19 所示。如果这个片体包围一定的体积，则创建一个实体。如果两个实体共享一个或多个公共（重合）面，还可缝合这两个实体。

◎位于何处？在功能区，"曲面"选项卡的"曲面操作"组→"缝合" 。

图 10-18 "N 边曲面"命令应用示例   图 10-19 "缝合"命令应用示例

✎ 课后练习

创建附录图库附图 41 所示模型。

 学海导航

工业软件行业状况

★精雕 SurfMill

SurfMill 是北京精雕集团研发的一款专用于 5 轴精密加工的 CAM 软件，具备完善的 5 轴工艺开发能力，提供多种 5 轴联动编程策略和灵活的刀轴控制方式，能够快速生成高质量的 5 轴联动加工路径，满足各种复杂零件的高质量、高效率加工的要求，是全面实现 5 轴加工中人机协同管理的加工管理平台，被广泛应用于模具零件加工和产品批量加工领域。

★千机 CAM

千机 CAM 是一款集复杂曲面数控加工、几何自适应加工、通用特征编程为一体的多功能 CAM 软件，拥有摆线铣、组合铣、变余量加工、特征编程、基于在机测量的自适应补偿加工等多项核心技术，广泛应用于各类整体叶盘、叶轮、叶片等复杂曲面类零件的加工工艺开发，为航空航天及其制造企业提供高效率、高精度、低成本工艺解决方案，是国内首款面向航空发动机核心零部件的商用 CAM 软件，也是中国航空发动机集团下属企业所采用的国产 CAM 软件。

项目 11

修改支架模型

学习目标

在 NX 软件中创建的实体模型通常都是有参数的，设计者可随时对其修改和编辑，既可以修改草图的形状和尺寸，也可以修改特征的参数。对于从其他 CAD 软件导入的非关联的、无特征的无参数模型，可以使用同步建模命令修改和编辑。同步建模命令也可以修改 NX 有参数的模型。

本项目通过修改无参数支架模型（图 11-1）达到如下学习目的：

☆掌握 NX 文件的"导入""导出"等文件操作命令的使用。

☆掌握"移动面""偏置区域""替换面""删除面"等同步建模命令的使用。

☆了解"调整圆角大小""调整倒斜角大小""线性尺寸""角度尺寸""径向尺寸"等同步建模命令的使用。

图 11-1　支架模型

项目分析

支架模型是从其他 CAD 软件导入的非关联的、无特征的无参数模型。若对这种无参数模型进行尺寸和形状的修改，可使用同步建模命令。常用的同步建模命令有"移动面""拉动面""偏置区域""替换面""调整面大小"和"删除面"等命令。

相关知识

知识 11.1　导入 / 导出

◎命令应用。"导入""导出"命令可实现文件格式的转换，用于 NX 与其他 CAD 软件进行数据交换。"导入"命令用于将指定文件中的内容复制到当前工作部件中,"导出"命令用于将当前工作部件保存为新的文件。导入或导出的文件既可以是 NX 的有参数的 PRT 格式文件,也可以是 NX 的无参数的 X_T 格式文件,还可以是通用的 IGS、STP、DXF、STL 等格式文件,甚至是 PNG、JPEG、GIF、BMP 等图片格式文件。

◎位于何处?在功能区,"文件"选项卡→"导入" ⊡→"STEP214…";"文件"选项卡→"导出" ⊡→"STEP214…"。

不同 CAD 格式文件间的转换,特别是 NX 有参数的 PRT 格式文件与 NX 无参数的 X_T 格式文件,以及与通用的 IGS、STP、STL 等格式文件间的转换,在实际工作中应用非常多。

知识 11.2 同步建模命令

(1)移动面

◎命令应用。"移动面"命令用于移动一组面,并调整相邻面使之相适应。如图 11-2(b)是图 11-2(a)所示原始模型移动顶面"20"后的效果,与其相邻的各侧面仍与之保持固定的拔模角度。

◎位于何处?在功能区,"主页"选项卡的"同步建模"组→"移动面" ⬢。

(2)拉动面

◎命令应用。"拉动面"命令也可用于移动一组面,但与"移动面"命令的区别是不修改相邻面。如图 11-2(c)所示是图 11-2(a)所示原始模型移动顶面"20"后的效果,相邻的新形成的各侧面与顶面垂直。

◎位于何处?在功能区,"主页"选项卡的"同步建模"组→"更多" ⟳→"拉动面" ⬢。

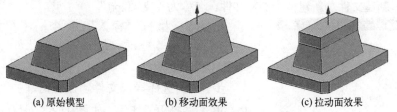

(a)原始模型　　　　(b)移动面效果　　　　(c)拉动面效果

图 11-2 "移动面"和"拉动面"命令应用示例

(3)偏置区域

◎命令应用。"偏置区域"命令用于偏置一组面,选定的面将垂直于自身方向移动,并调整相邻面使之相适应。图 11-3(b)是图 11-3(a)所示原始模型使用"偏置区域"命令移动顶面和两个侧面"20"后的效果,三个面均按垂直于自身的方向移动。图 11-3(c)是图 11-3(a)所示原始模型使用"移动面"命令移动顶面和两个侧面"20"后的效果,三个面按一个方向移动。

◎位于何处?在功能区,"主页"选项卡的"同步建模"组→"偏置区域" ⬢。

(a)原始模型　　　　(b)偏置区域效果　　　　(c)移动面效果

图 11-3 "移动面"和"偏置区域"命令应用示例

（4）替换面

◎命令应用。"替换面"命令用于将一组面替换为另一组面，以改变面的类型或面的位置。图 11-4（b）是图 11-4（a）所示原始模型将面①替换为面②后的效果。

◎位于何处？在功能区，"主页"选项卡的"同步建模"组→"替换面" 🗐。

（5）删除面

◎命令应用。"删除面"命令用于从模型中删除选定的面，并延长剩余的面使空区域封闭，图 11-5（b）是图 11-5（a）所示原始模型删除凸台后的效果。

◎位于何处？在功能区，"主页"选项卡的"同步建模"组→"删除面" 🗐。

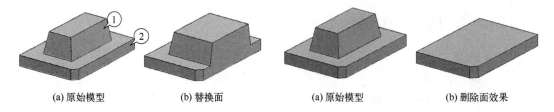

(a) 原始模型　　(b) 替换面　　　　(a) 原始模型　　(b) 删除面效果

图 11-4　"替换面"命令应用示例　　　　图 11-5　"删除面"命令应用示例

导入模型

项目实施

任务 11.1　导入模型

移动面

步骤 1：新建文件。 新建一个 NX 文件，名称为"支架 .prt"。

图 11-6　"导入 STEP214"对话框

步骤 2：执行"导入"命令。 在"文件"选项卡，选择"导入" 🗐→"STEP214…"，弹出"导入 STEP214"对话框。

步骤 3：选择导入文件。 在对话框的"导入自"组中，单击"打开" 🗐，如图 11-6 序号①所示，弹出"STEP214"对话框（略），浏览至指定文件夹并选择"支架 .stp"文件。

步骤 4：设置导入参数。 在对话框的"导入至部件"组中，选择"工作部件"单选项，如图 11-6 序号②所示，其余参数保持默认。

步骤 5：结束"导入"命令。 单击"确定"，如图 11-6 序号③所示，完成文件的导入。

任务 11.2　移动面

步骤 1：执行"移动面"命令。 在"主页"选项卡的"同步建模"组中，单击"移动面" 🗐，如图 11-7 序号①所示，弹出"移动面"对话框。

步骤 2：选择要移动的面。 在图形窗口中，选择圆柱特征上所有的面，包括内外圆柱面和圆角面，共 5 个，如图 11-7 序号②所示。

步骤 3：选择移动方式。 在对话框的"变换"组中，设置"运动"为"距离 - 角度"，如

图 11-7 序号③所示。

步骤 4：确认移动方向。 在对话框的"变换"组中，从"指定距离矢量"列表中选择"XC 轴" ，如图 11-7 序号④所示。

> 💡 **提示：** 系统将根据选定的面出现移动方向箭头。如果不是，可单击距离轴手柄的杆部，然后选择新对象以指定正确的方向。也可通过矢量列表选择。

步骤 5：输入距离和角度。 在对话框的"变换"组中，设置"距离"为"15"、"角度"为"0"，如图 11-7 序号⑤所示，预览结果如图 11-7 序号⑥所示。

步骤 6：结束"移动面"命令。 单击"确定"，如图 11-7 序号⑦所示，完成圆柱特征的移动，如图 11-7 序号⑧所示。

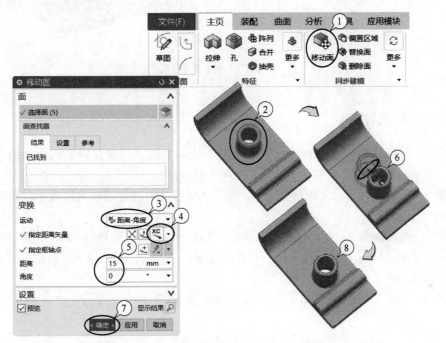

图 11-7　"移动面"对话框和移动面的步骤

偏置区域

任务 11.3　**偏置区域**

步骤 1：执行"偏置区域"命令。 在"主页"选项卡的"同步建模"组中，单击"偏置区域" ，如图 11-8 序号①所示，弹出"偏置区域"对话框。

步骤 2：选择要偏置的面。 在图形窗口中，选择棱台顶面和两侧的平面，切记不选择圆角面，如图 11-8 序号②所示。

步骤 3：确认偏置方向。 确认偏置方向为向外侧偏置，否则在对话框的"偏置"组中单击"反向" 以反转偏置方向。

步骤 4：输入偏置距离。 在对话框的"偏置"组中，设置"距离"为"5"，如图 11-8 序号③所示。

步骤 5：结束"偏置区域"命令。 单击"确定"，如图 11-8 序号④所示，完成棱台的偏置。

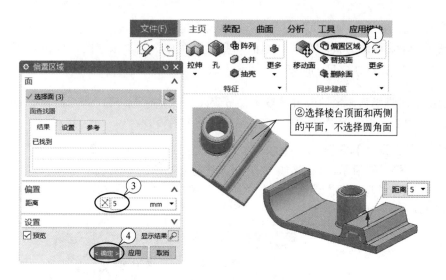

图 11-8 "偏置区域"对话框与偏置面的步骤

替换面

任务 11.4　替换面

步骤 1：执行"替换面"命令。在"主页"选项卡的"同步建模"组中，单击"替换面"![icon]，如图 11-9 序号①所示，弹出"替换面"对话框。

步骤 2：选择原始面。在图形窗口中，选择侧壁和棱台的顶面作为原始面，如图 11-9 序号②～③所示。

步骤 3：选择替换面。在对话框的"替换面"组中，单击"选择面"或单击鼠标中键，使其处于激活状态，如图 11-9 序号④所示；在图形窗口中，选择圆柱顶部平面作为替换面，如图 11-9 序号⑤所示。

步骤 4：结束"替换面"命令。单击"确定"，如图 11-9 序号⑥所示，完成替换面的操作。

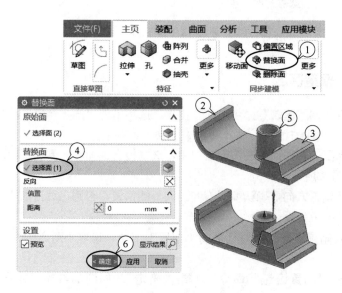

图 11-9 "替换面"对话框与替换面的步骤

任务 11.5　删除面

步骤 1：执行"删除面"命令。在"主页"选项卡的"同步建模"组中，单击"删除面" ，如图 11-10 序号①所示，弹出"删除面"对话框。

步骤 2：选择圆角面。在图形窗口中，选择圆柱顶部圆角面，如图 11-10 序号②所示。在面选择列表中选择"所有圆角面"，如图 11-10 序号③～④所示。

删除面

步骤 3：结束"删除面"命令。单击"确定"，如图 11-10 序号⑤所示，删除全部圆角面。

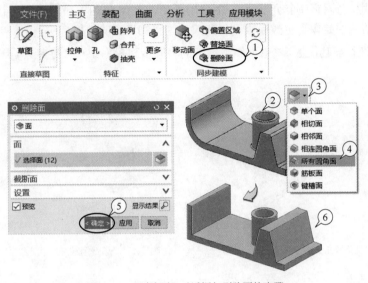

图 11-10　"删除面"对话框与删除面的步骤

任务 11.6　导出模型

导出模型

步骤 1：保存文件。在快速访问工具条中单击"保存" ，保存文件。

步骤 2：执行"导出"命令。在"文件"选项卡中，选择"导出" → "STEP…"，弹出"导出至 STEP 选项"对话框，如图 11-11 所示。

步骤 3：选择保存路径。在对话框的"文件"选项卡中，保持默认参数选项，单击"打开" ，弹出"STEP 文件"对话框（略），选择保存路径，输入文件名为"支架 _ 改 .stp"。

图 11-11　"导出至 STEP 选项"对话框

步骤 4：结束"导出"命令。单击"确定"完成文件的导出。

⊛ **拓展提高**

★其他同步建模命令

对于无参数模型，还可以利用同步建模命令通过更改长度、角度、半径等尺寸来实现对模型的修改。

（1）调整圆角大小

◎命令应用。"调整圆角大小"命令用于更改圆角面的半径。图 11-12（b）是图 11-12（a）所示原始模型更改底板三个圆角半径为"30"后的效果。

◎位于何处？在功能区，"主页"选项卡的"同步建模"组→"更多" 🔄 →"调整圆角大小" 📐。

（2）调整倒斜角大小

◎命令应用。"调整倒斜角大小"命令用于更改倒斜角的大小或类型。图 11-13（b）是图 11-13（a）所示原始模型更改底板倒斜角尺寸为"30"后的效果。

◎位于何处？在功能区，"主页"选项卡的"同步建模"组→"更多" 🔄 →"调整倒斜角大小" 📐。

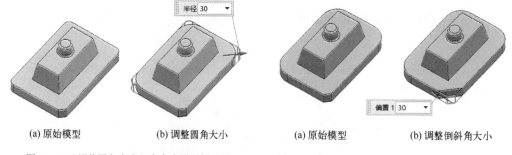

(a) 原始模型　　(b) 调整圆角大小 　　　(a) 原始模型　　(b) 调整倒斜角大小

图 11-12 "调整圆角大小"命令应用示例　　图 11-13 "调整倒斜角大小"命令应用示例

（3）线性尺寸

◎命令应用。"线性尺寸"命令用于为一组面的边添加线性尺寸，并通过更改该值以修改模型。图 11-14（b）和（c）是图 11-14（a）所示原始模型修改凸台宽度为"70"后的效果。

◎位于何处？在功能区，"主页"选项卡的"同步建模"组→"更多" 🔄 →"线性尺寸" 📦。

(a) 原始模型　　(b) 预览模型　　(c) 修改后模型

图 11-14 "线性尺寸"命令应用示例

（4）角度尺寸

◎命令应用。"角度尺寸"命令用于为一组面添加角度尺寸，并通过更改该值以修改模型。图 11-15（b）和（c）是图 11-15（a）所示原始模型修改面①和面②的夹角为"130"后的效果。

◎位于何处？在功能区，"主页"选项卡的"同步建模"组→"更多" 🔄 →"角度尺寸" 📐。

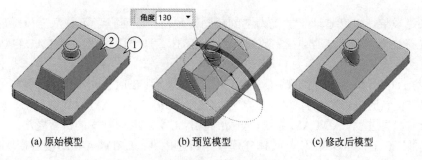

(a) 原始模型　　　　(b) 预览模型　　　　(c) 修改后模型

图 11-15 "角度尺寸"命令应用示例

（5）径向尺寸

◎命令应用。"径向尺寸"命令用于为一组圆柱面或球面添加径向尺寸，并通过更改该值以修改模型。如图 11-16（b）和（c）是图 11-16（a）所示原始模型修改圆台的半径为"18"后的效果。

◎位于何处？在功能区，"主页"选项卡的"同步建模"组→"更多" ⟳ →"径向尺寸" 🔧 。

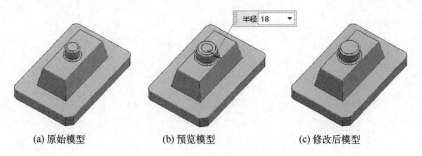

(a) 原始模型　　　　(b) 预览模型　　　　(c) 修改后模型

图 11-16 "径向尺寸"命令应用示例

课后练习

修改本项目各命令示例模型。

学海导航

工业软件行业状况

★国内外 CAD/CAM 软件发展历程

CAD/CAM 技术的研究源于对精准加工技术的迫切需求，其演化历程大致可以分为技术准备阶段、初步应用阶段、成熟发展阶段与垄断竞争阶段。

20 世纪 50 年代是 CAD/CAM 技术的准备阶段。得益于脉冲控制伺服电机与计算机图形学的长足发展，以麻省理工学院为主的美国高校及企业研发了可显示简单图形的设备、三坐标数控铣床、APT 自动编程、数控设备的自动换刀功能等技术，为 CAD/CAM 技术的产生打下了良好基础。

20 世纪 60 年代，商品化的 CAD/CAM 系统开始出现。IBM 公司推出了计算机绘图设备，洛克希德飞机制造公司推出了商品化的 CAD/CAM 系统，CAD/CAM 软件进入初步应用阶段。此时我国成套引进了 CAD/CAM 系统，开始了国产 CAD/CAM 技术的探索之路。

20 世纪 70 年代至 90 年代，实体建模技术日趋成熟，CAD/CAM 的核心模块也逐渐成形，进入成熟发展期。欧特克、美国参数技术等公司经历了从推出商品化软件到实现 CAD/CAM 系统集成的过程。我国也开始了"甩图板"工程，CAXA 电子图板、开目 CAPP 等众多 CAD 软件开始涌现，并开始直面众多功能强大的国外软件的竞争。

2000 年以来，国外 CAD/CAM 软件进军国内市场，逐渐形成了垄断局面，技术代差逐渐形成。在二维 CAD 领域，中望软件、CAXA 和浩辰等的软件在技术方面做到了国产替代。而在三维 CAD 领域，以欧特克、达索及西门子为主的国外企业的软件占领了我国 95% 的工业软件市场。

项目 12

装配独轮车模型

📖 **学习目标**

装配就是把零件按照一定的顺序和技术要求装到一起，成为一个完整的机械产品。在 NX 装配模块中可以实现产品的虚拟装配过程和爆炸视图的建立，以显示产品的整体结构、检查产品的设计缺陷等。而且装配部件和每个零件保持关联性，如果某个零件被修改，则引用它的装配部件也将自动更新。

本项目通过装配独轮车模型（图 12-1）达到如下学习目的：

☆了解 NX 自底向上的装配方法。

☆掌握"添加组件""装配约束"等装配命令的使用。

☆掌握"接触对齐""距离""中心""固定""对齐 / 锁定"等装配约束的设置。

图 12-1　独轮车模型

📄 **项目分析**

独轮车由车轮、芯轴、叉架、曲柄、脚蹬和车座等 6 类共 8 个零件组成。装配时，以车轮为基准零件，先装配芯轴，再装配叉架，接下来装配曲柄和脚蹬，最后装配车座。

相关知识

知识 12.1 装配环境

（1）进入装配环境

在 NX 中进行装配，需要在建模环境中启动装配模块。在功能区"应用模块"选项卡"设计"组中，单击"装配" 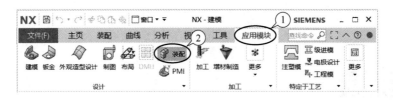，如图 12-2 序号①～②所示，启动装配模块，即进入装配环境，并显示装配界面。

图 12-2　启动装配模块的步骤

图 12-3 所示是已经完成独轮车装配的装配界面。与建模界面不同，NX 的装配界面多了"装配"选项卡和"装配导航器"。"装配"选项卡位于功能区，显示装配常用的命令。"装配导航器"是一个窗口，位于图形窗口左侧，以层次结构树的形式显示装配结构、组件属性和组件间的约束，以及提供组件的预览。

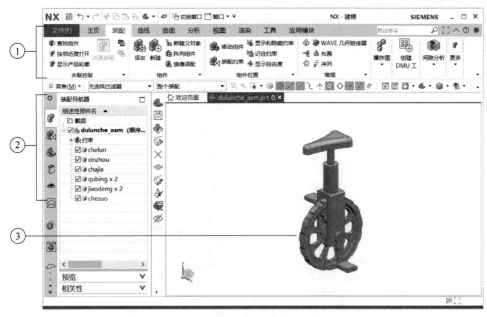

图 12-3　NX 装配界面
①—装配功能区；②—装配导航器；③—装配模型

（2）装配方法

NX 的装配分为自底而上的装配和自顶而下的装配。自底而上的装配是先完成装配中所有部件的建模，再将部件添加到装配体中去，然后设置约束方式限制部件在装配体中的自由度，从而获得组件定位效果。使用这种装配方法，执行由底向上逐级装配，顺序清晰，便于准确定位各个组件在装配体中的位置。

自顶而下的装配是指在装配过程中参照其他部件对当前工作部件进行设计，如利用链接关系引用其他部件中的几何对象到当前工作部件中，再用这些几何对象创建几何体。使用这种装配方法，既提高了设计效率，又保证了部件之间的关联性，实现了部件间的参数化设计。

知识 12.2 装配组件

组件是指装配中所引用的部件，它可以是单个部件（即零件），也可以是一个子装配体。在装配过程中，可使用"组件"组中的各命令添加装配组件。

（1）添加

◎命令作用。"添加"命令用于将一个或多个组件添加到当前工作部件中，常用于自底而上的装配。

◎位于何处？在功能区，"装配"选项卡的"组件"组→"添加" 。

（2）新建

◎命令作用。"新建"命令用于新建一个或多个组件添加到当前工作部件中，常用于自上而下的装配。

◎位于何处？在功能区，"装配"选项卡的"组件"组→"新建" 。

（3）阵列组件

◎命令作用。"阵列组件"命令用于创建具有阵列特征的组件副本。

◎位于何处？在功能区，"装配"选项卡的"组件"组→"阵列组件" 。

（4）镜像装配

◎命令作用。"镜像装配"命令用于创建选定组件的镜像组件副本。

◎位于何处？在功能区，"装配"选项卡的"组件"组→"镜像装配" 。

知识 12.3 组件定位

在装配过程中，可使用"组件位置"组中的各命令定位组件。

（1）移动组件

◎命令作用。"移动组件"命令用于在装配中移动并有选择地复制一个或多个组件，如图 12-4 所示。

◎位于何处？在功能区，"装配"选项卡的"组件位置"组→"移动组件" 。

（2）装配约束

◎命令作用。"装配约束"命令用于通过定义两个组件之间的约束条件来确定组件在装配体中的位置。常用的装配约束有角度、中心、胶合、接触对齐、同心、距离、固定、平行和垂直等，如表 12-1 所示。

◎位于何处？在功能区，"装配"选项卡的"组件位置"组→"装配约束" 。

图 12-4 "移动组件"命令应用示例

表 12-1 "装配约束"类型和功能

类型	功能简要说明
⚙接触对齐	约束两个组件，使它们彼此接触或对齐，或使两个圆柱面的轴线重合。 ① ⚙ "接触"，定义两个平面共面但法向相反，如图 12-5（a）所示。 ② ⚙ "对齐"，定义两个平面共面且法向相同，如图 12-5（b）所示。 ③ ⚙ "自动判断中心 / 轴"，定义两个圆柱面或圆锥面使其中心 / 轴重合，如图 12-5（c）所示
◎同心	定义两个对象的圆形边使之圆心重合，并使边的平面共面，如图 12-5（d）所示
⚙距离	定义两个对象之间最小的 3D 距离，如图 12-5（e）所示
⚙固定	将组件固定在当前位置上，使其静止变动
⚙平行	定义两个对象的方向矢量平行，如图 12-5（f）所示
⚙垂直	定义两个对象的方向矢量垂直，如图 12-5（g）所示
⚙角度	定义两个对象之间的角度，如图 12-5（h）所示
⚙对齐 / 锁定	对齐不同对象中的轴，使它们不绕公共轴发生任何旋转
⚙等尺寸配合	将两个半径相等的圆柱面或锥形面结合
⚙胶合	将对象 "焊接" 在一起，使它们作为刚体移动
⚙中心	使一对对象中的一个或两个对象居中，或使一对对象沿另一个对象居中。 ① "1 对 2"，使第一个所选对象在后两个所选对象的中间。 ② "2 对 1"，使两个所选对象沿着第三个所选对象居中。 ③ "2 对 2"，使两个所选对象在两个其他所选对象的中间，如图 12-5（i）所示

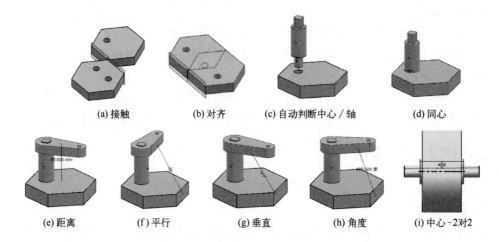

(a) 接触　　　(b) 对齐　　　(c) 自动判断中心 / 轴　　　(d) 同心

(e) 距离　　　(f) 平行　　　(g) 垂直　　　(h) 角度　　　(i) 中心 - 2对2

图 12-5 "装配约束"类型应用示例

知识 12.4　爆炸图

当打开一个现有装配体，或者在完成当前组件的装配后，为查看装配体中的组件，以及各组件在子装配体或总装配中的装配关系，可使用爆炸图。

爆炸图是装配模型中组件按照装配关系偏离原来位置的拆分图形。利用爆炸图可以方便地观察装配部件内部各零件及其相互之间的位置关系，以及包含的零件数量。在爆炸图中，组件只是从视觉上进行变换，组件本身的实际位置在装配模型中仍保持不变。爆炸图与显示部件关联，并存储在显示部件中。

在装配环境中，利用"爆炸图"组中的各命令可建立爆炸图，如图 12-6 所示。

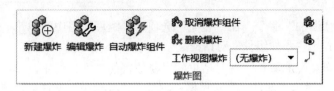

图 12-6　"爆炸图"组命令

（1）新建爆炸

◎命令作用。"新建爆炸"命令用于创建一个新的爆炸图。单击"新建爆炸"命令后，可以看到所生成的爆炸图与原来的装配图没有任何变化，其原因在于还没有设置组件间的距离。

◎位于何处？在功能区，"装配"选项卡的"爆炸图"组→"新建爆炸"。

（2）编辑爆炸

◎命令作用。"编辑爆炸"命令用于手动调整组件之间的距离，以重定位爆炸图中选定的一个或多个组件，进而获得理想的爆炸图效果。

◎位于何处？在功能区，"装配"选项卡的"爆炸图"组→"编辑爆炸"。

（3）取消爆炸组件

◎命令作用。"取消爆炸组件"命令用于将一个或多个选定组件恢复至其未爆炸的原始位置。

◎位于何处？在功能区，"装配"选项卡的"爆炸图"组→"取消爆炸组件"。

（4）删除爆炸

◎命令作用。"删除爆炸"命令用于删除已经创建的爆炸图。如果爆炸图是当前显示的视图，则无法将其删除。要删除此视图，必须先更改显示视图或隐藏该爆炸图。

◎位于何处？在功能区，"装配"选项卡的"爆炸图"组→"删除爆炸"。

项目实施

进入装配环境

任务 12.1　进入装配环境

（1）新建文件

步骤 1：新建装配文件夹。新建一个文件夹存放被装配的零件，名称为"独轮车"，将独轮车各零件文件复制到该文件夹中。

步骤 2：新建装配文件。新建一个文件作为装配部件，名称为"独轮车 _asm.prt"，并保存到上述文件夹中。

> 提示：装配部件是由零件和子装配构成的部件。在装配部件中，每个零件是被装配部件引用的，而不是复制到装配部件中。所以，在进行装配部件的复制转移时，必须将所有零件一同复制。若只复制装配部件不复制相关零件，在其他计算机上打开该装配部件时将提示错误。此处新建文件夹，目的在于方便管理这些零件和装配部件，以及复制转移时不缺文件。

（2）进入装配环境

在功能区"应用模块"选项卡"设计"组中，选择"装配"，启动装配模块并显示装配界面。

装配车轮

任务 12.2　装配车轮

步骤1：执行"添加"命令。在"装配"选项卡"组件"组中，单击"添加" 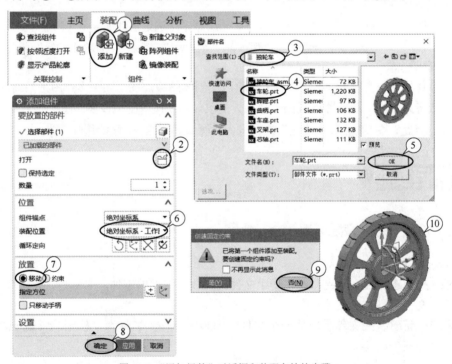，如图12-7 序号①所示，弹出"添加组件"对话框。

步骤2：选择要装配的零件。在对话框的"要放置的部件"组中，单击"打开" ，如图12-7 序号②所示，弹出"部件名"对话框。浏览至"独轮车"文件夹，选择"车轮"零件，单击"OK"，如图12-7 序号③～⑤所示，返回至"添加组件"对话框。

步骤3：设置放置位置。在对话框的"位置"组中，设置"装配位置"为"绝对坐标系 - 工作部件"，如图12-7 序号⑥所示，即将组件放置于当前工作部件的绝对原点位置。

💡 **提示**：通常第一个组件以"绝对坐标系 - 工作部件"方式定义装配位置，第二个及以后的组件以"约束"方式设置"根据约束"来定义装配位置。

步骤4：设置放置方式。在对话框的"放置"组中，选择"移动"单选项，如图12-7 序号⑦所示。

步骤5：结束"添加"命令。单击"确定"，弹出"创建固定约束"警示框，单击"否"，如图12-7 序号⑧～⑨所示，车轮将被添加到图形窗口中，如图12-7 序号⑩所示。

装配芯轴

图12-7　"添加组件"对话框和装配车轮的步骤

💡 **提示**：由于车轮是可以绕轴旋转的，所以不能创建固定约束。

任务 12.3　装配芯轴

（1）添加组件

步骤1：执行"添加"命令。在"装配"选项卡的"组件"组中，单击"添加" ，如

图 12-8 序号①所示，弹出"添加组件"对话框。

步骤 2：选择要装配的零件。在对话框的"要放置的部件"组中，单击"打开" ，如图 12-8 序号②所示，弹出"部件名"对话框。浏览至"独轮车"文件夹，选择"芯轴"零件，单击"OK"，如图 12-8 序号③~⑤所示，返回至"添加组件"对话框。

步骤 3：设置临时放置位置。在对话框的"位置"组中，设置"装配位置"为"对齐"；单击"选择对象"，使其处于激活状态；图形窗口中出现随光标移动的预装配零件，在图形窗口中任意位置单击以放置该零件。如图 12-8 序号⑥~⑧所示。

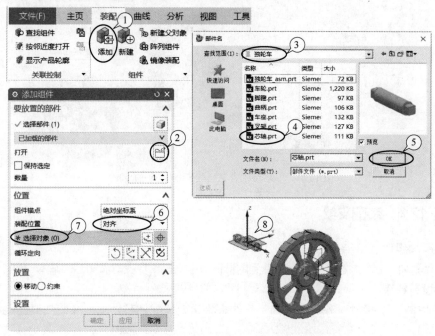

图 12-8 "添加组件"对话框和装配芯轴的步骤

> **提示：**如果零件的放置位置有误，或者需要重新调整其位置，可在"位置"组中单击"重置" ，以重置零件的对齐位置和方向。

（2）约束组件

使用"对齐/锁定"和"中心"约束将芯轴装配到车轮上，步骤如下：

步骤 1：设置放置方式。在对话框的"放置"组中，选择"约束"单选项，如图 12-9 序号①所示，对话框中将显示"约束类型"列表。

步骤 2：设置对齐/锁定约束。在"约束类型"列表中，单击"对齐/锁定" ，如图 12-9 序号②所示；在图形窗口中，先选择芯轴的圆柱面，如图 12-9 序号③所示，再选择车轮内孔的圆柱面，如图 12-9 序号④所示。

> **提示：**选择约束对象时，要先选择预装配的组件，后选择已装配的组件。

步骤 3：设置中心约束。在"约束类型"列表中，单击"中心" ，如图 12-9 序号⑤所示；在"要约束的几何体"组中，设置"子类型"为"2 对 2"，如图 12-9 序号⑥所示；在图形窗口中，先选择芯轴的两个端面，如图 12-9 序号⑦所示，再选择车轮的两个侧面，如图 12-9 序号⑧所示。

步骤 4：结束"添加"命令。单击"确定"，如图 12-9 序号⑨所示，完成芯轴的装配，如图 12-9 序号⑩所示。

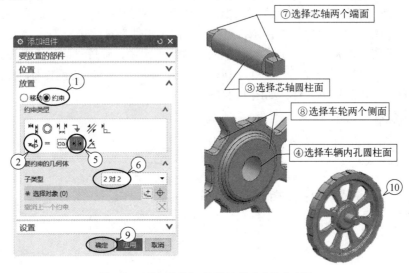

图 12-9　"添加组件"对话框和约束芯轴的步骤

装配叉架

任务 12.4　装配叉架

（1）添加组件

使用"添加"命令添加"叉架"零件到图形窗口中，操作步骤与添加芯轴基本一致，步骤略。

（2）设置约束

使用"中心""接触对齐"和"固定"约束将叉架装配到芯轴上，并使叉架固定不动，步骤如下：

步骤 1：设置放置方式。在"放置"组中，选择"约束"单选项，对话框中显示"约束类型"列表，如图 12-10 序号①所示。

步骤 2：设置中心约束。在"约束类型"列表中，单击"中心" ，在"要约束的几何体"组中，设置"子类型"为"2 对 2"，如图 12-10 序号②～③所示。在图形窗口中，先选择叉架的两个侧面，如图 12-10 序号④所示，再选择车轮的两个侧面，如图 12-10 序号⑤所示。

步骤 3：设置接触对齐约束。在"约束类型"列表中，单击"接触对齐" ，在"要约束的几何体"组中，设置"方位"为"自动判断中心 / 轴"，如图 12-10 序号⑥～⑦所示；在图形窗口中，先选择叉架半圆柱面，如图 12-10 序号⑧所示，再选择芯轴的圆柱面，如图 12-10 序号⑨所示。

步骤 4：设置固定约束。在"约束类型"列表，单击"固定" ，如图 12-10 序号⑩所示；在图形窗口中，选择叉架零件，如图 12-10 序号⑪所示。

任务 12.5　装配曲柄

（1）添加曲柄

使用"添加"命令添加"曲柄"零件到图形窗口中，操作步骤与添加芯轴基本一致。不同之处是：可选中"保持选定"复选框，并设置"数量"为"1"，如图 12-11 序号①所示，以在完成一个曲柄的装配后，再次出现曲柄继续装配，因为装配体中有两个曲柄。

装配曲柄

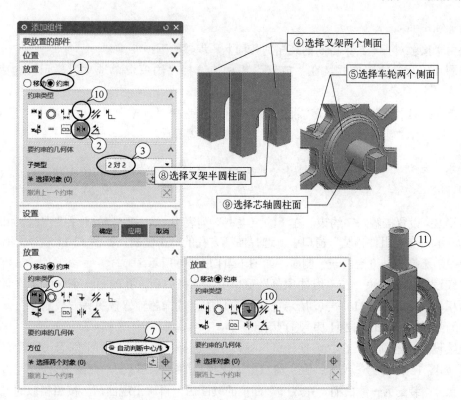

图 12-10　"添加组件"对话框和约束叉架的步骤

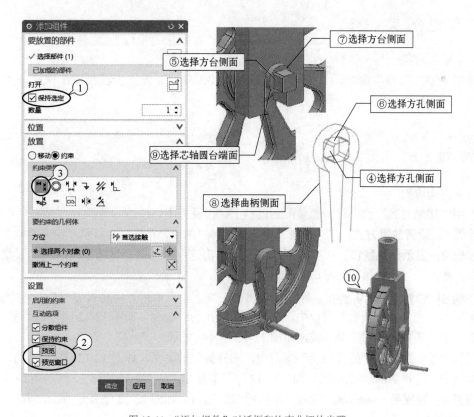

图 12-11　"添加组件"对话框和约束曲柄的步骤

（2）约束曲柄

使用"接触对齐"约束将曲柄装配到芯轴上，步骤如下：

步骤 1：设置放置方式。 在"放置"组中，选择"约束"单选项，显示"约束类型"列表。

步骤 2：显示预览窗口。 在"设置"组中，取消选中"预览"复选框，选中"预览窗口"复选框，则显示"组件预览"窗口，如图 12-11 序号②所示。

> 💡提示：借助"组件预览"窗口可以显示要装配的模型。当然也可以忽略此步骤，将要装配的模型显示在主窗口中。

步骤 3：设置接触对齐约束。 在"约束类型"列表中，单击"接触对齐" ⋈，如图 12-11 序号③所示；在"组件预览"窗口中，选择曲柄方孔的一个侧面，如图 12-11 序号④所示；在主窗口中，选择芯轴方台的一个侧面，如图 12-11 序号⑤所示。

继续设置接触约束，在"组件预览"窗口中，选择曲柄方孔的另一个侧面（该面须与前一侧面相邻），如图 12-11 序号⑥所示；在主窗口中，选择芯轴方台的另一个侧面（该面也须与前一侧面相邻），如图 12-11 序号⑦所示。

继续设置接触约束，在"组件预览"窗口中，选择曲柄长臂的一个侧面（即没有脚蹬的一侧），如图 12-11 序号⑧所示；在主窗口中，选择芯轴圆台的端面，如图 12-11 序号⑨所示。

步骤 4：装配另一侧曲柄。 完成一个曲柄的装配后，再次出现曲柄。按照相似的方法进行装配，注意须使第二个曲柄与前一个曲柄成 180°，如图 12-11 序号⑩所示。

装配脚蹬

任务 12.6　装配脚蹬

（1）添加脚蹬

使用"添加组件"命令添加"脚蹬"零件到图形窗口，操作步骤与添加曲柄基本一致，步骤略。

> 💡提示：可以在对话框中选中"保持选定"复选框，并设置"数量"为"1"，以在完成一个脚蹬的装配后，再次出现脚蹬继续装配。

（2）约束脚蹬

使用"接触对齐"约束将脚蹬装配到曲柄上，步骤如下：

步骤 1：设置放置方式。 在"放置"组中，选择"约束"单选项，显示"约束类型"列表。

步骤 2：显示预览窗口。 在"设置"组中，取消选中"预览"复选框，选中"预览窗口"复选框，则显示"组件预览"窗口。

步骤 3：设置接触对齐约束。 在"约束类型"列表中，单击"接触对齐" ⋈，如图 12-12 序号①所示；在"组件预览"窗口中，选择脚蹬内孔的中心线，如图 12-12 序号②所示；在装配主窗口中，选择曲柄轴的中心线，如图 12-12 序号③所示。

继续设置约束，在"组件预览"窗口中，选择脚蹬的侧面，如图 12-12 序号④所示；在装配主窗口中，选择曲柄轴的侧面，如图 12-12 序号⑤所示。

步骤 4：装配另一侧脚蹬。 完成一个脚蹬的装配后，如图 12-12 序号⑥所示，再次出现脚蹬，按照相似的方法进行装配。

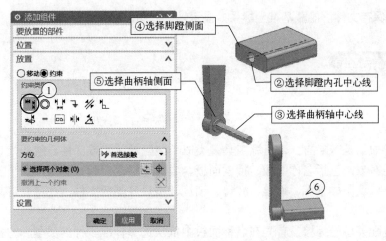

图 12-12　"添加组件"对话框和约束脚蹬步骤

任务 12.7　装配车座

装配车座

使用"添加"命令添加"车座"零件到图形窗口中，操作步骤略。使用"自动判断中心 / 轴"及"平行"和"距离"约束，将车座装配到叉架上，步骤如下：

步骤 1：设置接触对齐约束。在"约束类型"列表中，单击"接触对齐" ，如图 12-13 序号①所示；在图形窗口中，先选择车座圆柱杆的中心线，再选择叉架圆柱体的中心线，如图 12-13 序号②～③所示。

步骤 2：设置平行约束。在"约束类型"列表中，单击"平行" ，如图 12-13 序号④所示；在图形窗口中，先选择车座后侧的平面，再选择叉架后侧的平面，如图 12-13 序号⑤～⑥所示。

步骤 3：设置距离约束。在"约束类型"列表中，单击"距离" ，如图 12-13 序号⑦所示；在图形窗口中，先选择车座的底面，再选择叉架的顶面，如图 12-13 序号⑧～⑨所示；在"距离"组中，设置"距离"为"100"，如图 12-13 序号⑩所示。如车座方向与预期不一致，可单击"循环上一个约束" ，如图 12-13 序号⑪所示，以更改车座和叉架的相对位置。

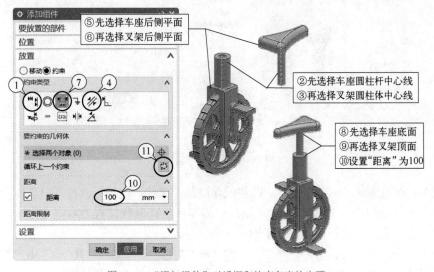

图 12-13　"添加组件"对话框和约束车座的步骤

步骤 4：保存文件。隐藏基准坐标系，显示轴侧视图，然后保存文件。

★重用库导航器

重用库导航器是 NX 的一个资源工具，类似于装配导航器或部件导航器，它以分层树结构显示可重用对象，包括名称面板、搜索面板、成员选择面板和预览面板四个部分。使用重用库导航器可以调用如轴承、螺栓、螺母、销钉、垫片等国标零件，并可以将其作为组件装配到装配部件中。

例如要装配某型号螺栓，首先在名称面板中依次选择标准零件的类型和螺栓的种类，如图 12-14 序号①～③所示；然后在成员选择面板中，拖动要调用的标准零件至图形窗口中，如图 12-14 序号④所示，弹出"添加可重用组件"对话框；在对话框的"主参数"组中，选择合适的规格，如图 12-14 序号⑤所示，再使用装配约束命令进行约束定位，如图 12-14 序号⑥所示。也可以将螺栓拖动至用于放置螺栓的圆孔中直接定位完成装配。

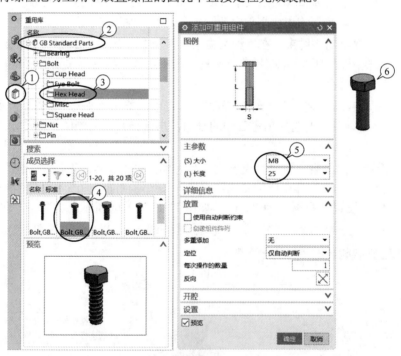

图 12-14　重用库导航器和调用螺栓的步骤

★标准零件的保存

调用 NX 重用库中的标准零件后，即使保存过部件文件，但当再次打开时仍然会提示"找不到文件，部件已卸载"。原因是 NX 重用库中的零件默认保存位置为隐藏文件夹，因此需要修改保存位置，应与当前部件文件位于同一文件夹中。

◎位于何处？在上边框条中，单击"菜单"→"文件"→"实用工具"→"用户默认设置"，弹出"用户默认设置"对话框，按图 12-15 序号①～⑥所示修改保存路径。

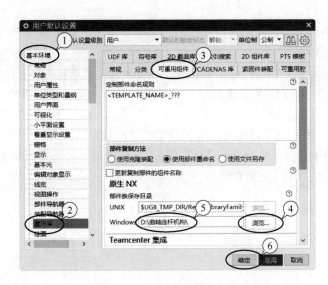

图 12-15 "用户默认设置"对话框

课后练习

创建附录图库附图 42 所示虎钳的装配。

学海导航

工业软件行业状况

★国外 CAD/CAM 软件发展策略对我国产业的影响

国外工业软件企业以其强大的资本为后盾，形成了相对稳定的竞争优势。回顾国外 CAD/CAM 软件企业在我国的发展之路，其经营策略对国产软件企业造成了极大的影响。

首先是放任盗版行为，压缩国产软件企业生存空间。自 20 世纪 80 年代国外 CAD/CAM 软件进入中国市场以来，国外企业用放任盗版行为的方式占领了中国市场，之后利用版权开始对中国的设计行业开展逼迫式销售，使国产软件企业失去生存空间。而且软件深度嵌入我国制造业的研发、生产等关键环节中，实现技术资料与工业软件的捆绑。

其次是以高校为市场，培养后备目标客户。在国外 CAD/CAM 软件进军国内市场时期，我国高校、科研院所在人才培养过程中恰逢存在相关知识载体的巨大缺口，国外软件企业以赞助或捐赠等方式，积极争取在教学与科研中捆绑其 CAD/CAM 软件，利用其软件产品构建高校教学平台，并提供教材支持，从而培养学生对其软件的使用习惯。此营销策略一方面使目标客户前移，从学生阶段开始挤压国产软件市场，另一方面也转移了广大高校对工业软件算法、程序设计等基础性教育的工作重心。

国外软件企业的这些策略正在对我国的产业安全造成严重威胁，并为我国国防工业等多个领域带来安全隐患。专家指出，目前军工制造、航空航天、地质勘测等领域都离不开 CAD 软件，如果单纯依靠国外软件，那么我国相关领域重要信息都存在被窃取的可能。

虽然国产 CAD/CAM 软件企业面对着诸多现实困境，但也在积极把握新的行业趋势，在国家政策支持下寻求破局之道。2019 年以来，工信部、科技部等相继部署了 CAD 软件、网络化制造专项，"十四五"国家重点研发计划"工业软件"专项，《中华人民共和国国民经济和社会发展第十四个五年规划和 2035 年远景目标纲要》更是将工业互联网作为"推进产业数字化转型"的数字经济重点产业。

项目 13

绘制阀体零件图

📖 **学习目标**

在 NX 制图模块中，可以利用 3D 模型生成符合行业标准的工程图纸，而且图纸与模型完全关联，对模型所作的任何更改都会在图纸中自动反映出来。也可以使用制图工具直接绘制符合要求的工程图纸。

本项目通过绘制阀体零件图（图 13-1）达到如下学习目的：

☆ 了解制图标准和图纸首选项的设置。

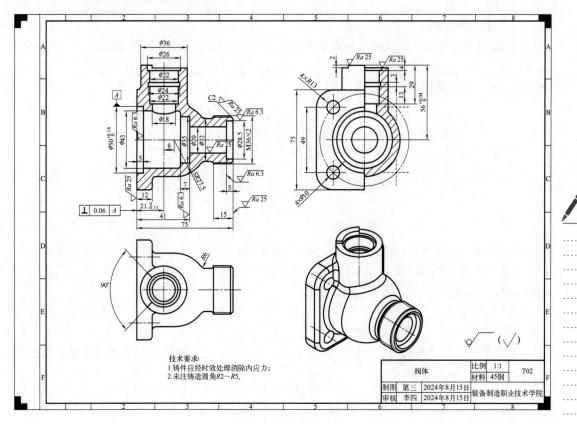

图 13-1　阀体零件图

　　☆掌握"基本视图""投影视图""剖视图"等视图命令的使用。

　　☆掌握"快速尺寸""表面粗糙度""几何公差""基准特征符号""文字注释"等尺寸和注释命令的使用。

　　☆掌握图框和标题栏的调用。

　　☆掌握通用格式 2D 图纸的导出。

📄 项目分析

　　本项目图纸共有四个视图，即主视图、俯视图、左视图和轴测视图，其中主视图为全剖视图、左视图为半剖视图。零件图中尺寸种类多、技术指标齐全，包括长度尺寸、半径 / 直径 / 球面尺寸、螺纹尺寸等，既有无公差的，也有有公差的，还有表面粗糙度、几何公差、基准符号、技术说明等内容。

　　绘制图纸的一般步骤：先创建视图，再标注尺寸、添加注释，如表面粗糙度、几何公差、基准符号和文字注释等，最后创建图框和标题栏并导出图纸。

🌱 相关知识

知识 13.1　制图环境

（1）进入制图环境

　　在 NX 中不论是利用 3D 模型生成工程图，还是直接绘制工程图，都需要进入制图环境。在"应用模块"选项卡"设计"组中，单击"制图"，如图 13-2 序号①～②所示，启动制图模块，进入制图环境并显示制图界面。

图 13-2　进入制图环境步骤

　　图 13-3 所示是已经完成的阀体工程图的制图界面。与建模界面不同，在功能区是绘制工程图所需的命令，利用这些命令可以创建详细的工程图。另外，在"部件导航器"中则多了图纸节点，以显示已经创建的工程图的信息。

（2）绘图步骤

利用 3D 模型绘制 2D 工程图的一般过程如下：

① 设置制图标准和图纸首选项。在创建图纸前，建议先设置新图纸的制图标准，制图的视图首选项和注释首选项。

② 新建图纸。创建图纸的第一步是新建图纸页，可以直接在当前的工作部件中创建图纸页，也可以先创建包含模型的非主模型文件，再创建图纸页。

③ 添加视图。可逐个创建单个视图，或同时创建多个视图。

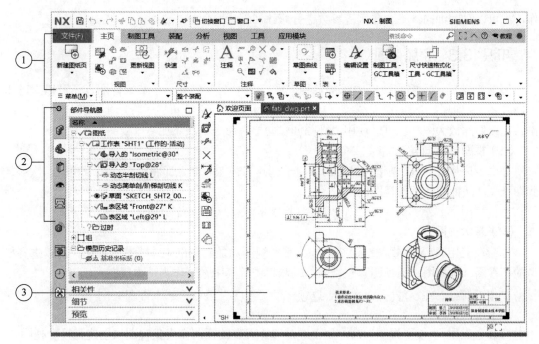

图 13-3　NX 的制图界面

①—制图功能区；②—部件导航器中的图纸节点；③—图纸与视图

④ 添加尺寸和注释。为视图添加尺寸和注释，填写标题栏和明细表。

⑤ 输出与打印。已完成的图纸可以转成其他格式的文件进行打印，或利用 NX 直接进行打印。

知识 13.2　图纸管理

（1）制图标准

◎命令应用。"制图标准"命令用于选定某一制图标准，并将标准所定义的设置加载到当前的图纸中。NX 提供了 GB（中国国家标准）、ISO（国际标准化组织）、ASME（美国机械工程师协会）、DIN（德国标准化学会）、JIS（日本工业标准）、船舶设计等制图标准。用户可以直接选用这些制图标准，也可以编辑、创建或导入自己的定制标准。

◎位于何处？在上边框条，"菜单"项→"工具"→"制图标准"。

（2）图纸首选项

◎命令应用。"制图首选项"命令用于设置制图的默认参数，包括各种视图、尺寸和注释的样式、颜色、粗细等参数。为了更准确有效地创建工程图，一般要进行相关参数的设置。

◎位于何处？在上边框条，"菜单"项→"首选项"→"制图"。

（3）新建图纸页

◎命令应用。"新建图纸页"命令用于创建一张新图纸，并设置图纸的大小、比例、名称、单位和投影方式等参数。

◎位于何处？在功能区，"主页"选项卡→"新建图纸页" 。

（4）编辑图纸页

对于同一个实体模型，采用不同的投影方法、幅面尺寸和比例，可以建立多张图纸，这些图纸显示在部件导航器中。利用部件导航器可以对选定的图纸进行打开、删除和编辑等操作，也可以对图纸的规格、比例等参数进行修改和编辑。

知识 13.3 添加视图

图纸建立后，需要向图纸中添加各种视图，其中至少包含一个基本视图，还可以有若干投影视图、剖视图、局部放大图等。首先创建基本视图，之后再通过投影生成其他投影视图、剖视图或局部放大图，也可以使用"视图创建向导"命令一次添加多个视图。

（1）视图创建向导

◎命令应用。"视图创建向导"命令用于创建多视图布局，即将一个或多个视图一次添加到图纸中，从而简化添加视图的流程。

◎位于何处？在功能区，"主页"选项卡的"视图"组→"视图创建向导"。

（2）基本视图

◎命令应用。"基本视图"命令用于将某一视图添加到图纸中作为基本视图。可以选择模型的俯视图、仰视图、前视图、左视图、轴测视图等其中之一作为基本视图。

◎位于何处？在功能区，"主页"选项卡的"视图"组→"基本视图"。

（3）投影视图

◎命令应用。"投影视图"命令用于通过选择现有的视图作为父视图来创建正投影视图。

◎位于何处？在功能区，"主页"选项卡的"视图"组→"投影视图"。

（4）剖视图

◎命令应用。"剖视图"命令用于创建全剖视图、阶梯剖视图、半剖视图和旋转剖视图，以便更清晰、更准确地表达零件的内部结构。

◎位于何处？在功能区，"主页"选项卡的"视图"组→"剖视图"。

（5）局部放大图

◎命令应用。"局部放大图"命令用于创建局部放大图，以表达零件的某些细小结构。

◎位于何处？在功能区，"主页"选项卡的"视图"组→"局部放大图"。

知识 13.4 标注视图

标注视图包括零件尺寸、技术要求等内容，也就是用规定的数字、符号或文字说明零件制造、检验时应达到的技术指标，如尺寸、表面粗糙度、几何公差、材料热处理等。

（1）快速

◎命令应用。"快速"命令用于标注各类尺寸，如水平或竖直尺寸、圆柱尺寸、半径或直径尺寸、角度尺寸等。配合使用"尺寸快捷菜单"，还可以添加附加文本、公差、前后缀等内容。

◎位于何处？在功能区，"主页"选项卡的"尺寸"组→"快速"。

（2）注释

◎命令应用。"注释"命令用于创建和编辑注释及标签，以对图纸中的相关内容做进一步说明，如零件的加工技术要求等，也可以标注尺寸和几何公差等。

◎位于何处？在功能区，"主页"选项卡的"注释"组→"注释"。

（3）表面粗糙度符号

◎命令应用。"表面粗糙度符号"命令用于在图纸上创建表面粗糙度符号。

◎位于何处？在功能区，"主页"选项卡的"注释"组→"表面粗糙度符号"。

（4）特征控制框

◎命令应用。"特征控制框"命令用于创建单行、多行或复合特征控制框，以指定模型特征的几何公差。

◎位于何处？在功能区，"主页"选项卡的"注释"组→"特征控制框" ⌐ 。

（5）基准特征符号

◎命令应用。"基准特征符号"命令用于创建几何公差基准特征符号，以便在图纸中指明基准特征。

◎位于何处？在功能区，"主页"选项卡的"注释"组→"基准特征符号" 🔲 。

（6）中心线

◎命令应用。"中心线"命令用于创建中心标记，圆形和 2D 中心线等。

◎位于何处？在功能区，"主页"选项卡的"注释"组→"中心线"下拉菜单 ⊕ ▾ 。

知识 13.5　图表

（1）边界和区域

◎命令应用。"边界和区域"命令用于为图纸添加边界和区域。图纸的边界是图纸中定义外边界的线；图纸的区域是图纸中单独的矩形单元格，在竖直方向上显示字母、在水平方向上显示数字。如图 13-1 所示。

◎位于何处？在功能区，"制图工具"选项卡→"图纸格式"组→"边界和区域" 🔲 。

（2）表格注释

◎命令应用。"表格注释"命令用于创建和编辑表格，如创建标题栏、明细表和孔表等。

◎位于何处？在功能区，"主页"选项卡的"表"组→"表格注释" 🔲 。

（3）零件明细表

◎命令应用。"零件明细表"命令用于创建装配工程图中零件的物料清单。

◎位于何处？在功能区，"主页"选项卡的"表"组→"零件明细表" 🔲 。

设置绘图
环境和创
建视图

 项目实施

任务 13.1　设置制图环境

（1）进入制图环境

步骤 1：打开零件文件。打开阀体文件"阀体 .prt"。

步骤 2：启动制图模块。在"应用模块"选项卡"设计"组中，单击"制图" 📷 ，进入制图环境，显示制图界面。

💡 提示：也可以以"非主模型"方式创建阀体工程图，即新建一个 NX 文件，然后将阀体文件装入这个新建文件中，再进入制图环境。

（2）设置制图标准

步骤 1：执行"制图标准"命令。在上边框条中，选择"菜单"项→"工具"→"制图标准"，弹出"加载制图标准"对话框，如图 13-4 所示。

步骤 2：选择制图标准。在对话框的"要加载的标准"组中，设置"标准"为"GB"，如

图 13-4 序号①所示。

步骤 3：结束"制图标准"命令。单击"确定"，如图 13-4 序号②所示，完成 GB 制图标准的加载。

（3）设置制图首选项

在上边框条中，选择"菜单"项→"首选项"→"制图"，弹出"制图首选项"对话框，如图 13-5 所示，按表 13-1 所示设置尺寸标注样式。

图 13-4 "加载制图标准"对话框   图 13-5 "制图首选项"对话框

①—"逻辑选项"组；②—"对齐"组

表 13-1 制图首选项参数

序号	设置内容	"逻辑选项"组	"组"对话框参数值
1	隐藏视图边界	图纸视图 →工作流程	在"边界"组中设置： □ "显示"，即取消选中复选框
2	设置尺寸箭头参数	公共 →直线/箭头→箭头	在"格式"组中设置： "长度"为"3"； "角度"为"20"
3	设置尺寸文本参数		
	①设置尺寸文本单位	尺寸 →文本→单位	在"单位"组中设置： "小数位数"为"0"； "小数分隔符"为"．句号"
	②设置尺寸文本方向和位置	尺寸 →文本→方向和位置	在"方向和定位"组中设置： "方向"为"文本在尺寸线上"； 在"坐标"组中设置： "方向"为"文本在尺寸线上"
	③设置尺寸文本字体和字高	尺寸 →文本→尺寸文本	在"格式"组中设置： "字体"为"Times New Roman"； "高度"为"3"； "文本宽高比"为"1"
	④设置尺寸附加文本字体和字高	尺寸 →文本→附加文本	在"格式"组中设置： "字体"为"Times New Roman"； "高度"为"3"； "文本宽高比"为"1"
4	设置尺寸公差参数		
	①设置公差类型	尺寸 →公差	在"类型和值"组中设置： "类型"为"× 无公差"； "小数位数"为"3"
	②设置公差文本字体和字高	尺寸 →文本→公差文本	在"格式"组中设置： "字体"为"Times New Roman"； "高度"为"2"； "文本宽高比"为"1"

续表

序号	设置内容	"逻辑选项"组	"组"对话框参数值
5	设置窄尺寸样式	尺寸 →窄尺寸	在"格式"组中设置： "样式"为"无指引线"； "文本方位"为"平行"； "文本偏置"为"0"
6	设置倒角标注参数		
	①设置倒角样式	尺寸 →倒斜角	在"倒斜角格式"组中设置： "样式"为"符号"； "分隔线"为"x"（即第2个单选项）； "间距"为"0.1"
	②设置倒角前缀/后缀文字样式	公共 →前缀/后缀	在"倒斜角尺寸"组中设置： "位置"为"之前"； "文本"为"C"
7	设置剖视图中剖切线的样式	图纸视图 →截面线	在"格式"组中设置： "线宽"为"0.13mm"。 在"箭头"组中设置： "长度"为"3"； "角度"为"30"。 在"箭头线"组中设置： "箭头长度"为"6"； "边界到箭头的距离"为"10"； "延展"为"3"； "线长"为"20"
8	设置注释文字字体和字高	公共 →文字	在"文本参数"组中设置： "字体"为"Times New Roman"

任务 13.2　创建视图

（1）新建图纸

步骤 1：执行"新建图纸页"命令。 在"主页"选项卡中，单击"新建图纸页" ，如图 13-6 序号①所示，弹出"工作表"对话框。

步骤 2：设置图纸大小和比例。 在对话框的"大小"组中，选择"标准尺寸"单选项，设置"大小"为"A3-297×420"、"比例"为"1：1"，如图 13-6 序号②～③所示。

步骤 3：设置图纸名称。 在对话框的"名称"组中，保持默认"图纸页名称"为"SHT1"，如图 13-6 序号④所示。

步骤 4：设置单位和投影。 在对话框的"设置"组中，选择"单位"为"毫米"、"投影"为"第一角投影"，取消选中"始终启动视图创建"复选框，如图 13-6 序号⑤～⑦所示。

步骤 5：结束"新建图纸页"命令。 单击"确定"，如图 13-6 序号⑧所示，接受设置并关闭对话框，则新建了一张空白图纸页。

（2）创建基本视图

步骤 1：执行"基本视图"命令。 在"主页"选项卡"视图"组中，单击"基本视图" ，如图 13-7 序号①所示，弹出"基本视图"对话框。

步骤 2：选择视图类型。 在对话框的"模型视图"组中，设置"要使用的模型视图"为"俯视图"，如图 13-7 序号②所示。

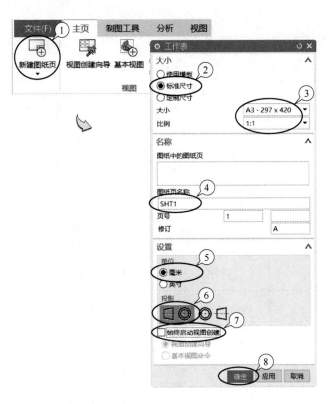

图 13-6 "工作表"对话框

步骤 3：设置视图比例。在对话框的"比例"组中，确认"比例"为"1∶1"，如图 13-7 序号③所示。

步骤 4：放置基本视图。在图形窗口中，出现跟随光标移动的基本视图预览效果，在图形窗口合适的位置单击以放置视图，如图 13-7 序号④所示。

步骤 5：结束"基本视图"命令。单击"关闭"，如图 13-7 序号⑤所示，结束"基本视图"命令。

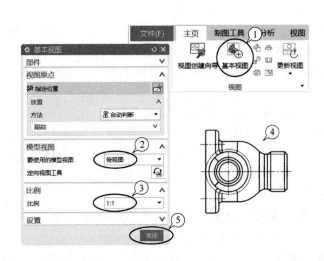

图 13-7 "基本视图"对话框与创建基本视图的步骤

💡 **提示**：由于不能利用投影视图去剖切投影视图的父视图，所以先创建俯视图。

（3）创建投影视图

步骤 1：执行"投影视图"命令。完成基本视图的创建后，系统会自动跳转至投影视图模式，或者在"主页"选项卡的"视图"组中单击"投影视图" 🔲，如图 13-8 序号①所示，弹出"投影视图"对话框。

步骤 2：创建主视图。系统自动选择刚创建的视图作为父视图，或者在图形窗口中选择视图，如图 13-8 序号②所示；之后移动光标至俯视图的正上方，如图 13-8 序号③所示，单击创建主视图。

步骤 3：创建左视图。在对话框的"父视图"组中，单击"选择视图"使其处于激活状态，如图 13-8 序号④所示；在图形窗口中，选择刚创建的主视图作为父视图，如图 13-8 序号⑤所示，移动光标至主视图的右侧，如图 13-8 序号⑥所示，单击创建左视图。

步骤 4：结束"投影视图"命令。单击"关闭"，如图 13-8 序号⑦所示，结束"投影视图"命令。

（4）创建轴测视图

参照创建基本视图的步骤，使用"基本视图"命令，在对话框中选择"正三轴测视图"，在图形窗口左视图的下方创建轴测视图，如图 13-8 序号⑧所示。

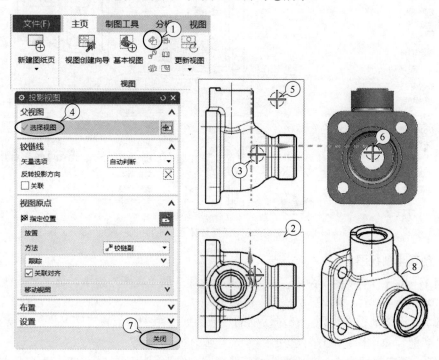

图 13-8　"投影视图"对话框与创建投影视图的步骤

（5）创建全剖视图

步骤 1：执行"剖视图"命令。在"主页"选项卡的"视图"组中，单击"剖视图" 🔳，如图 13-9 序号①所示，弹出"剖视图"对话框。

步骤 2：设置剖视图类型。在对话框的"截面线"组中，设置"定义"为"动态"、"方法"为"简单剖 / 阶梯剖"，如图 13-9 序号②所示。

步骤 3：确定剖切位置。在俯视图中，选择圆心作为剖切位置点以放置剖切线符号，如图 13-9 序号③所示。

步骤 4：放置剖视图。首先，确定投影方向。从俯视图向上移动光标出现全剖视图，以定义剖视图的方向，如图 13-9 序号④所示，然后确定剖切对象。单击鼠标右键，在右键菜单中选择"方向"→"剖切现有的"，如图 13-9 序号⑤～⑥所示；在图形窗口中，选择主视图作为剖切对象，如图 13-9 序号⑦所示，则主视图被创建为全剖视图，如图 13-9 序号⑧所示。

步骤 5：结束"剖视图"命令。单击"关闭"，如图 13-9 序号⑨所示，结束"剖视图"命令。

💡 提示：在创建主视图时，也可以直接将主视图创建为全剖视图，即在步骤 4 的图 13-9 序号④时，直接单击放置剖视图。

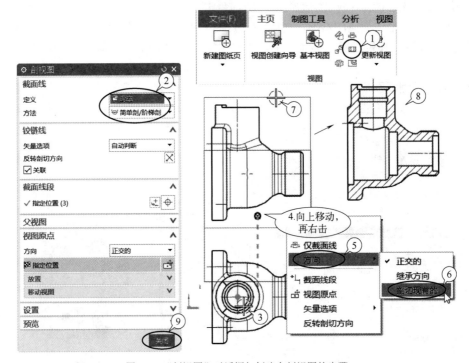

图 13-9 "剖视图"对话框与创建全剖视图的步骤

（6）创建半剖视图

步骤 1：执行"剖视图"命令。在"主页"选项卡的"视图"组中，单击"剖视图" ⬚，如图 13-10 序号①所示，弹出"剖视图"对话框。

步骤 2：设置剖视图类型。在对话框的"截面线"组中，设置"定义"为"动态"、"方法"为"半剖"，如图 13-10 序号②所示。

步骤 3：确定剖切位置。在俯视图中，选择圆心作为剖切位置点，如图 13-10 序号③所示。

步骤 4：确定折弯位置。在俯视图中，再次选择该圆心作为折弯点，如图 13-10 序号④所示。

💡 提示：因为剖切位置经过该圆心，折弯位置也刚好在此圆心处，所以两次均选择该圆心。

步骤 5：放置剖视图。首先，确定投影方向。从俯视图向右移动光标出现半剖视图，以定义剖视图的方向，如图 13-10 序号⑤所示。然后，确定剖切对象。单击鼠标右键，在右键菜单中选择"方向"→"剖切现有的"，如图 13-10 序号⑥～⑦所示；在图形窗口中选择左视图，如

图 13-10 序号⑧所示，则左视图被创建为半剖视图，如图 13-10 序号⑨所示。

　　步骤 6：结束"剖视图"命令。 单击"关闭"，完成半剖视图的创建。

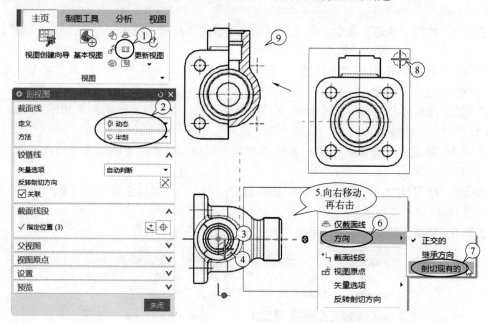

图 13-10　"剖视图"对话框与创建半剖视图的步骤

（7）添加中心线

　　步骤 1：执行"中心线"命令。 在"主页"选项卡的"注释"组中，单击"中心线"下拉菜单 ⊙ ▾ →"圆形中心线" ◯，如图 13-11 序号①所示。

　　步骤 2：选择中心线类型。 在"圆形中心线"对话框中选择类型为"中心点"，如图 13-11 序号②所示。

　　步骤 3：选择圆心和通过点。 在左视图中，选择中心圆的圆心作为中心点，选择 4 个小圆之一的圆心作为通过点，如图 13-11 序号③～④所示。

　　步骤 4：结束"中心线"命令。 单击"确定"，如图 13-11 序号⑤所示，完成中心线的创建，如图 13-11 序号⑥所示。

💡**提示：** 添加中心线是为了补全视图中缺失的中心线，以进一步完善视图。

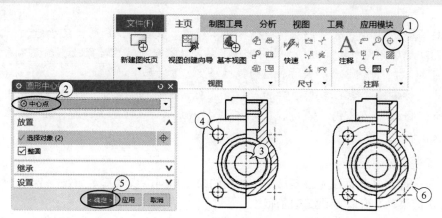

图 13-11　"圆形中心线"对话框与添加圆形中心线的步骤

标注尺寸

任务13.3　标注尺寸

（1）标注无公差尺寸

步骤1：执行"快速"命令。在"主页"选项卡的"尺寸"组中，单击"快速" ，如图13-12序号①所示，弹出"快速尺寸"对话框。

步骤2：重置对话框参数（可选）。在"快速尺寸"对话框的标题栏上，单击"重置" ，如图13-12序号②所示。

步骤3：选择标注对象。在主视图中，选择尺寸为"75"所指示的两条边或两个点，如图13-12序号③～④所示。

步骤4：确定标注方法。在对话框的"测量"组中，设置"方法"为"自动判断"，如图13-12序号⑤所示。

步骤5：放置尺寸。在图形窗口中，沿竖直方向向下移动光标至合适的位置，单击放置尺寸，如图13-12序号⑥所示。

步骤6：结束"快速"命令。单击"关闭"，结束"快速"命令。

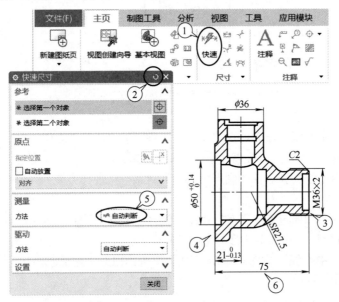

图 13-12　标注无公差尺寸的步骤

💡 **提示：**标注尺寸时，尺寸的数值是根据实体模型参数自动识别的，尺寸标注和双击编辑是不能改动原有尺寸数值的。如果图纸中有些尺寸数值确实需要修改，但又不希望改动零件的实际尺寸，则可以进行尺寸数值的强制修改，方法如下：

单击鼠标右键选择"设置"，弹出"设置"对话框，在左侧"逻辑选项"组中，选择"文本"→"格式"，在右侧"格式"组中，选中"替代尺寸文本"复选框，在"文本框"中直接修改数值。

（2）标注有公差尺寸

标注有公差尺寸与标注无公差尺寸所使用的命令相同，步骤基本一致，不同之处在于利用"尺寸快捷菜单"窗口实现公差的标注。

选择尺寸"21"所指示的两条边或点后（图13-13序号①～②），在图形窗口中暂停光标，屏幕中出现"尺寸快捷菜单"窗口。在"公差"列表中选择"单向负公差"，如图 13-13 序号③所示，在"公差"文本框中输入"-0.13"，如图 13-13 序号④所示，选择"公差小数点位数"为"2 位小数"，如序号⑤～⑥所示。之后，在合适的位置单击放置尺寸，如图 13-13 序号⑦所示。

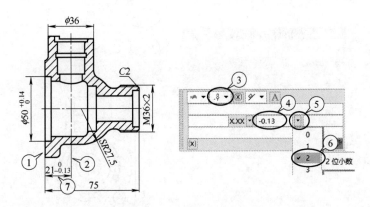

图 13-13　标注有公差尺寸的步骤

（3）标注圆柱式尺寸

圆柱式尺寸是指尺寸数值前有直径符号"ϕ"的尺寸，如图 13-13 中的"$\phi36$"。这类尺寸的标注与无公差尺寸标注基本相同，不同之处：在"快速尺寸"对话框的"测量"组中设置"方法"为"圆柱式"，或者在"尺寸快捷菜单"窗口"方法"列表中选择"圆柱式"。

（4）标注螺纹尺寸

螺纹尺寸是指尺寸数值前有螺纹符号"M"、尺寸数值后有螺距符号"×2"的尺寸，如图 13-13 中的"M36×2"。这类尺寸的标注与无公差尺寸标注所使用的命令相同，步骤基本一致，不同之处在于利用"尺寸快捷菜单"窗口实现螺纹信息的标注。

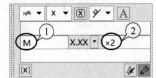

选择标注尺寸"M36×2"所指示的两条边界线后，在图形窗口中暂停光标，屏幕中出现"尺寸快捷菜单"窗口，如图 13-14 所示。在"尺寸快捷菜单"窗口中的"前置"文本框中输入"M"，在"后置"文本框中输入"×2"，如图 13-14 序号①～②所示。然后，在合适的位置单击放置尺寸。

图 13-14　标注螺纹尺寸的设置内容

（5）标注直径尺寸

步骤 1：执行"径向"命令。 在"主页"选项卡的"尺寸"组中，单击"径向" ，如图 13-15 序号①所示，弹出"径向尺寸"对话框。

步骤 2：重置对话框参数（可选）。 在对话框的标题栏上，单击"重置" ，如图 13-15 序号②所示。

步骤 3：选择标注对象。 在左视图中，选择尺寸为"$\phi10$"所指示的圆，如图 13-15 序号③所示。

步骤 4：确定标注方法。 在图形窗口中暂停光标，将出现"尺寸快捷菜单"窗口，在"方法"列表中选择"直径"，如图 13-15 序号④所示。

步骤 5：输入前置文本。 在"前置"文本框中输入"4×"，如图 13-15 序号⑤所示。

步骤 6：放置标注尺寸。 在图形窗口中，移动光标至合适的位置，单击放置尺寸，如图 13-15 序号⑥所示。

步骤7：结束"径向"命令。单击"关闭"，如图 13-15 序号⑦所示，结束"径向"命令。

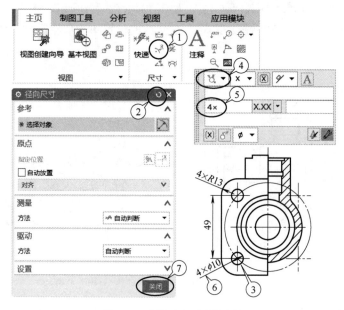

图 13-15 标注直径尺寸的步骤

（6）标注半径尺寸

标注半径尺寸与标注直径尺寸基本相同，不同处：在"尺寸快捷菜单"窗口的"方法"列表中，选择"半径"，即图 13-15 序号④所示列表。

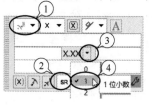

图 13-16 标注球面半径的设置内容

（7）标注球面尺寸

球面尺寸是指尺寸数值前有符号"Sφ"或"SR"的尺寸，如图 13-13 中的"SR27.5"。这类尺寸的标注与标注直径或半径尺寸基本相同，不同处：在"尺寸快捷菜单"窗口的"方法"列表中，选择"半径"，如图 13-16 序号①所示；在"符号"列表中，选择"SR"，如图 13-16 序号②所示；在"文本小数点位数"列表中选择"1 位小数"，如图 13-16 序号③～④所示。

💡**提示：**标注直径、半径尺寸时，也可以使用"快速"命令。但使用"快速"命令标注球面尺寸时，不能在"尺寸快捷菜单"窗口中直接选择"SR"符号，可在"前置"文本框中输入"S"以达到标注效果。

（8）标注倒角尺寸

步骤1：执行"斜倒角"命令。在"主页"选项卡的"尺寸"组中，单击"斜倒角"，如图 13-17 中序号①所示。

步骤2：选择标注对象。在图形窗口的主视图中，选择尺寸"C2"所指示的斜边，如图 13-17 序号②所示。

步骤3：放置标注尺寸。在图形窗口中，移动光标至合适的位置，单击放置尺寸，如

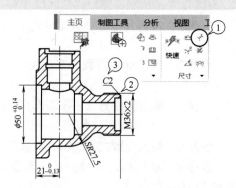

图 13-17 标注倒角尺寸的步骤

图 13-17 序号③所示。

步骤4：结束"斜倒角"命令。单击"关闭"，结束"斜倒角"命令。

任务 13.4　添加注释

（1）标注粗糙度符号

步骤1：执行"表面粗糙度符号"命令。在"主页"选项卡的"注释"组中，单击"表面粗糙度符号"　$\sqrt{\ }$，如图 13-18 序号①所示，弹出"表面粗糙度"对话框。

步骤2：选择符号类型。在对话框的"属性"组中，设置"除料"为"修饰符，需要除料"，如图 13-18 序号②所示。

步骤3：输入表面粗糙度数值。在对话框的"属性"组中，在"切除（f1）"框中输入"Ra25"，如图 13-18 序号③所示。

步骤4：创建水平位置的符号。在对话框的"设置"组的"角度"框中，确认角度值"0"，如图 13-18 序号④所示。在图形窗口中，移动光标至图形实线上，单击放置表面粗糙度符号，如图 13-18 序号⑤所示。

步骤5：创建角度位置的符号。在对话框的"设置"组的"角度"框中，输入角度值"-45"，如图 13-18 序号⑥所示。在图形窗口中，移动光标至尺寸指引线上，单击放置表面粗糙度符号，如图 13-18 序号⑦所示。

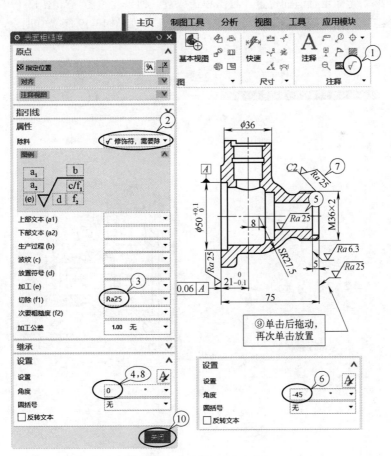

图 13-18　"表面粗糙度符号"对话框与添加表面粗糙度符号的步骤

步骤 6：创建有指引线的符号。在对话框的"设置"组的"角度"框中，输入角度值"0"，如图 13-18 序号⑧所示；在图形窗口中，移动光标至尺寸界限位置，单击并拖动鼠标出现指引线；移动光标至合适的位置，再次单击放置表面粗糙度符号，如图 13-18 序号⑨所示。

步骤 7：标注其他表面粗糙度符号。按照相同的方法，完成其他位置表面粗糙度符号的标注。

步骤 8：结束"表面粗糙度符号"命令。单击"关闭"，如图 13-18 序号⑩所示，完成表面粗糙度符号的标注。

（2）标注几何公差

步骤 1：执行"特征控制框"命令。在"主页"选项卡的"注释"组中，单击"特征控制框"，如图 13-19 序号①所示，弹出"特征控制框"对话框。

步骤 2：选择几何公差类型。在对话框的"框"组中，设置"特性"为"垂直度"、"框样式"为"单框"，如图 13-19 序号②所示。

步骤 3：输入公差值。在对话框的"公差"框中输入"0.06"，如图 13-19 序号③所示。

步骤 4：确定几何公差基准。在对话框的"第一基准参考"列表中，选择"A"，如图 13-19 序号④所示。

步骤 5：放置几何公差符号。在图形窗口中，移动光标至尺寸界限位置，单击并拖动鼠标出现指引线，移动光标至合适的位置，再次单击放置几何公差符号，如图 13-19 序号⑤所示。

步骤 6：结束"特征控制框"命令。单击"关闭"，如图 13-19 序号⑥所示，完成几何公差的标注。

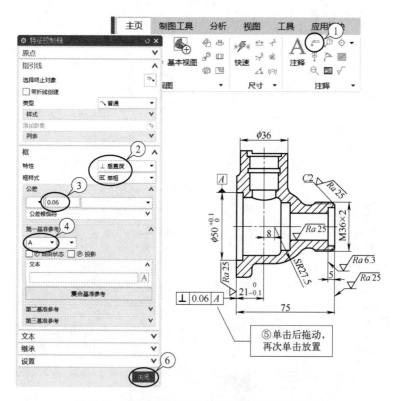

图 13-19 "特征控制框"对话框与添加几何公差的步骤

（3）标注基准符号

步骤1：执行"基准特征符号"命令。 在"主页"选项卡的"注释"组中，单击"基准特征符号" ![图标]，如图13-20序号①所示，弹出"基准特征符号"对话框。

步骤2：选择基准符号类型。 在对话框的"指引线"组中，设置"类型"为"基准"，如图13-20序号②所示。

步骤3：输入基准字母。 在对话框的"基准标识符"组中，在"字母"框中输入"A"，如图13-20序号③所示。

步骤4：放置基准特征符号。 在图形窗口中，移动光标至尺寸界限位置，单击并拖动鼠标出现指引线，再次单击放置基准特征符号，如图13-20序号④所示。

步骤5：结束"基准特征符号"命令。 单击"关闭"，如图13-20序号⑤所示，完成基准特征符号的标注。

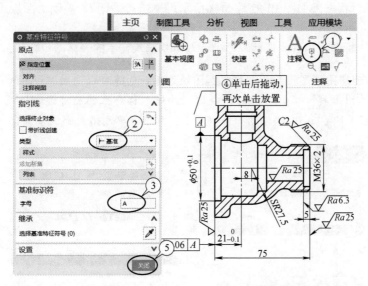

图13-20 "基准特征符号"对话框与添加基准特征符号的步骤

（4）添加技术要求

步骤1：执行"注释"命令。 在"主页"选项卡的"注释"组中，选择"注释" ![图标]，如图13-21序号①所示，弹出"注释"对话框。

步骤2：选择字体格式。 在"文本输入"组中，设置字体格式为"A FangSong"，如图13-21序号②所示。

步骤3：输入注释文字。 在文本框中输入文字，如图13-21序号③所示。

步骤4：放置文字。 在图形窗口中，移动光标至合适的位置，单击放置文字。

步骤5：结束"注释"命令。 单击"关闭"，完成技术要求的添加。

图13-21 "注释"对话框与添加技术要求的步骤

导出 2D
图纸

任务 13.5　导出 2D 图纸

（1）调用图框和标题栏

步骤 1：执行"替换模板"命令。 在"主页"选项卡的"制图工具 -GC 工具箱"组中，单击"替换模板"，如图 13-22 序号①所示，弹出"工程图模板替换"对话框。

步骤 2：选择替换模板。 在对话框的"选择替换模板"组中，选择"A3- 无视图"，如图 13-22 序号②所示。

步骤 3：结束"替换模板"命令。 单击"确定"，如图 13-22 序号③所示，调用系统提供的图框和标题栏。但此图纸的标题栏处于不可编辑状态，即不能输入需要的文字。

步骤 4：修改图层编辑状态。 在上边框条中选择"菜单"→"格式"→"图层设置"，如图 13-22 序号④～⑥所示，弹出"图层设置"对话框；在"图层"组中，选中"170"层，使图框层处于可编辑状态，如图 13-22 序号⑦所示；单击"关闭"，关闭"图层设置"对话框，如图 13-22 序号⑧所示。

步骤 5：输入标题栏内容。 在标题栏中，双击要输入文字的表格即可输入或修改文字。

> 💡 **提示：** 如何创建图纸图框和标题栏呢？图纸边框的创建可以使用"边界和区域"命令，也可以使用"草图工具"工具条中的命令进行绘制。标题栏的创建通常使用"表格注释"命令，操作过程类似于 WPS 软件的操作，可以任意进行单元格大小调整、合并等操作。

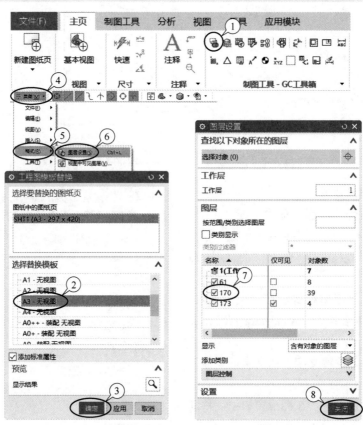

图 13-22　"工程图模板替换"对话框与"图层设置"对话框

（2）导出 PDF 文件

步骤 1：启动"导出"命令。 在"文件"选项卡中，选择"导出"→"PDF…"。

步骤2：设置存储路径。 在对话框的"目标"组中，单击"保存 PDF 文件"框后面的"打开" ，弹出"选择目录"对话框，然后选择 D 盘作为文件保存的目录。

步骤3：结束"导出"命令。 单击"确定"，完成 PDF 文件的导出。

（3）导出 DWG 文件

步骤1：启动"导出"命令。 在"文件"选项卡中，选择"导出"→"AutoCAD DXF/DWG…"。

步骤2：设置存储路径。 在"AutoCAD DXF/DWG 导出向导"对话框的"输入和输出"选项中，单击"输出 DWG 文件"框后面的"打开" ，弹出"选择目录"对话框，然后选择 D 盘作为文件保存的目录。

步骤3：结束"导出"命令。 保持其他默认选项，单击"确定"，完成 DWG 文件的导出。

（4）保存文件

在快速访问工具条中单击"保存" 以保存阀体图纸文件。

✪ 拓展提高

★ PMI 三维模型标注技术

PMI（product and manufacturing information）技术是直接在三维模型中标注设计和制造相关信息的技术。利用 PMI 技术，可以在三维模型上直接标注尺寸、文字注释、几何公差、表面粗糙度及焊接符号等相关信息。

PMI 技术具有直观、清晰的特点，方便工程师和制造人员理解和使用，而且可以减少图纸的使用，节省纸张和存储空间，提高人员的工作效率和环保意识。

在 NX 建模环境中，在"应用模块"选项卡"设计"组中，单击"PMI" ，如图 13-23 序号①～②所示，启动 PMI 模块，进入 PMI 环境并显示 PMI 选项卡，如图 13-24 所示，利用其中的命令可以实现在三维模型上标注。

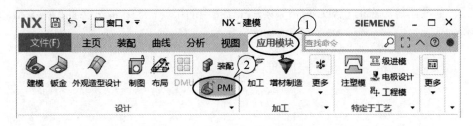

图 13-23　进入 PMI 环境步骤

图 13-24　PMI 选项卡

课后练习

绘制图 5-1 和附录图库附图 45 所示零件图。

学海导航

工业软件行业状况

★ AutoCAD 软件的降价与国产 CAD 软件的崛起

国外 CAD 企业的逼迫式销售策略引起了中国用户的极大反感，尤其是对于中国的中小企业 CAD 用户来说更是苦不堪言，一边是高的价格，一边是亟须继续发展的业务系统。而此时，一批国内 CAD 厂商的出现，正逐渐使一部分国内中小企业 CAD 用户摆脱国外企业的枷锁，从而实现了对正版 CAD 软件的用得起、有得选，为中小企业发展开辟出一条自由之路。

然而好景不长，国外企业看到了被国内企业所占领的市场的份额日益扩大，进而对国内企业展开了"价格战"，以倾销其正版软件，同时加大了其正版软件的逼迫式销售力度，导致一部分国内 CAD 企业好不容易占领的市场土崩瓦解。例如，在 1998 年欧特克公司搞过一次大幅降价，直接把 AutoCAD 软件价格降到每套 4000 元，等把中国的同行解决得差不多了之后，其价格随即一路涨到了每套万元以上。2009 年 10 月，欧特克公司再次针对中国市场全面降价 80% 促销，一套 AutoCAD 软件价格从 3 万元降到 6000 元，直逼国产 CAD 软件价格，和中望 CAD 的销售价 5998 元只差 2 元。

2010 年前后，国产 CAD 软件企业走过了十几年不断摸索发展的历程，这个过程也是国产 CAD 软件不断自主创新、推进正版化的过程。此时，国产二维 CAD 软件在大多数情况下已经能替代进口软件，实现正版化的目标。而且一线国产 CAD 品牌基本上都迈出了国际化步伐，其中中望 CAD 等软件已经销往全球 80 个国家和地区，并在俄罗斯、巴西、罗马尼亚、葡萄牙等国家的 CAD 软件市场中占有相当的市场份额，成为当地二维 CAD 领域中的知名品牌。

项目 14

编写平面零件加工程序

学习目标

NX 加工模块提供了底壁铣、型腔铣、深度轮廓铣、固定轮廓铣、可变轮廓铣、孔加工、车削、线切割等多种加工策略，允许用户以交互方式编写车、铣、车铣复合、多轴加工、钻、线切割等的数控加工程序。

本项目通过编写平面零件的加工程序（图 14-1）达到如下学习目的：

☆掌握型腔铣工序的应用，理解常用参数的含义和设置方法。

☆掌握底壁铣工序的应用，理解常用参数的含义和设置方法。

☆掌握几何体、刀具、方法和程序等加工父组参数的设置。

☆掌握切削模式、步距、公共每刀切削深度等刀轨参数的设置。

☆掌握切削参数、非切削移动、进给率和速度等通用参数的设置。

☆掌握刀具轨迹的生成、仿真和后处理。

图 14-1　平面直壁零件（材料：45 钢）

项目分析

本项目零件在垂直和平行于刀轴的方向上都是平面，属于典型的平面直壁零件。对于此类零件，通常使用"底壁铣"和"平面铣"进行编程。作为"万能加工"的"型腔铣"也可以用于此类零件的编程，而且"型腔铣"参数设置相对直观、简单，非常适合初学者理解和掌握，并对学习其他编程策略有很好的指导作用。所以，本项目使用"型腔铣"编写零件从粗加工到精加工的程序，以全面掌握"型腔铣"的应用和参数设置。

　　根据零件特征，确定如下加工方案：首先使用较大刀具进行整体粗加工去除大部分材料，然后使用较小刀具进行残余材料粗加工，最后使用平底刀进行底面和侧壁的精加工，数控加工工艺如表 14-1 所示。

表 14-1　数控加工工艺表

工步号	工步内容	刀具号	刀具规格	主轴转速 / （r/min）	进给速度 / （mm/min）	背吃刀量 / mm	侧吃刀量 / mm
1	整体粗加工	T01	D20R1.2	2600	2400	0.4	70% 刀具直径
2	残料粗加工	T02	D10R0.5	3000	1300	0.2	70% 刀具直径
3	底面精加工	T03	E10	1200	800	0.2	70% 刀具直径
4	侧壁精加工	T03	E10	800	400	10	0.2

相关知识

知识 14.1　加工环境

（1）进入加工环境

　　在 NX 中进行编程，需要进入加工环境。在"应用模块"选项卡"加工"组中，单击"加工" ，如图 14-2 序号①～②所示，启动加工模块进入加工环境。

图 14-2　进入加工环境步骤

　　当打开一个已含有加工程序的零件文件后，将直接进入加工环境，显示加工界面，如图 14-3 所示。与建模界面相比加工界面有很大不同：

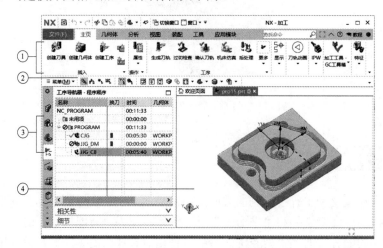

图 14-3　NX 加工界面

①—加工功能区；②—上边框条；③—工序导航器；④—图形窗口

功能区"主页"选项卡包括"插入""工序""操作"等组，汇集了数控编程需要的命令，利用这些命令可以创建、编辑和仿真加工程序。

左侧资源条多了一项"工序导航器"，用于创建和管理 NC 程序。工序导航器有程序顺序、机床、几何和加工方法四个视图，利用上边框条可实现在各视图间的切换。

图形窗口显示加工零件、加工坐标系和加工轨迹等信息。

（2）数控编程步骤

使用 NX 进行数控编程的基本步骤如下：

① 准备加工模型，进行加工环境初始化。

② 设置要加工的部件、毛坯、固定件、夹具和机床。

③ 建立几何体、刀具、方法和程序父组，以定义重用的参数。

④ 创建工序来定义刀轨。

⑤ 生成和验证刀轨。

⑥ 后处理刀轨生成 G 代码。

知识 14.2　编程命令

（1）型腔铣

◎命令应用。"型腔铣"工序是 mill_contour（轮廓铣）工序类型中的一个子类型，可实现一层一层地切削材料，即刀具在同一高度内完成一层切削后，再下降一个高度进行下一层的切削。"型腔铣"在数控加工中应用最为广泛，几乎适用于任意形状零件的粗加工编程，也可以实现零件的精加工编程。"型腔铣"还可以用于残余材料的粗加工编程，即二次粗加工，甚至三次、多次粗加工，目的是用较小直径的刀具加工前道工序较大的刀具未加工到的地方。

◎位于何处？在功能区，"主页"选项卡的"插入"组→"创建工序" ，在"创建工序"对话框中，"类型"→"mill_contour"、"工序子类型"→"型腔铣" 。

（2）底壁铣

◎命令应用。"底壁铣"工序是 mill_planar（平面铣）工序类型中的一个子类型，是最简单快速加工平面的方法，只需选择要加工的面并指定去除的余量即可。"底壁铣"常用于各类零件上平面的精加工编程，如加工产品的基准面、内腔的底面、敞开的外形等，也可用于直壁且岛屿顶面和槽腔底面为平面的零件的粗加工和精加工编程。

◎位于何处？在功能区，"主页"选项卡的"插入"组→"创建工序" ，在"创建工序"对话框中，"类型"→"mill_planar"、"工序子类型"→"底壁铣" 。

知识 14.3　父组参数

在数控编程时，通常需要多次调用不同的工序类型，编写多条程序，多次设置相同的参数。所以为了编程方便，一般要预先设置好几何体、刀具、方法和程序等父组参数，以向下传递给各个工序。

（1）创建几何体

◎命令应用。"创建几何体"命令用于创建几何体父项，如加工坐标系（MCS）、工件（WORKPIECE）、铣削区域（MILL_AREA）、修剪边界（MILL_BND）等。

◎位于何处？在功能区，"主页"选项卡的"插入"组→"创建几何体" 。

① 加工坐标系。加工坐标系用于设置零件的加工坐标系，默认位置与零件模型的绝对坐标系方位一致。

💡 **提示**：在 NX 中，"MCS"被翻译为"机床坐标系"，但实际上是指零件坐标系，即加工时的对刀点。

② 工件。工件用于设置部件和毛坯几何体，从而确定被加工的区域。部件几何体是指最终要加工出来的零件模型，是刀具不可侵犯的几何体，否则就是过切。毛坯几何体是指要切削的毛坯模型。部件和毛坯几何体两者的公共部分被保留，多出来的部分就是切削去除的区域，如图 14-4 所示。

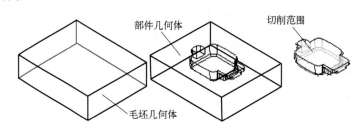

图 14-4　部件和毛坯几何体

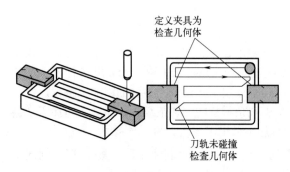

图 14-5　检查几何体

设置工件时，还可指定检查几何体，即设置加工时不想触碰到的几何体，例如夹具，它是不能加工的部分，需要用检查几何体来定义，以移除夹具的重叠区域，使其不被切削，如图 14-5 所示。

💡 **提示**：在 NX 中，系统已经创建了一个加工坐标系（MCS_MILL）和其下的工件（WORKPIECE），可在"工序导航器 - 几何"视图中查看。

③ 切削区域。切削区域用于通过选择曲面、片体或面来定义切削位置，如图 14-6 所示。如果不指定切削区域，系统将使用整个部件几何体（刀具无法接近的区域除外）作为切削区域。

④ 修剪边界。修剪边界用于进一步控制刀具的运动范围。如果当前工序的整个刀轨涉及的切削范围的某一区域不希望被切削，可以利用修剪边界将这部分刀轨去除，如图 14-7 所示。

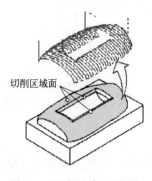

图 14-6　"切削区域"示意图

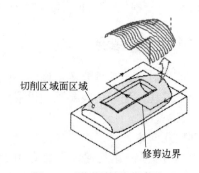

图 14-7　"修剪边界"示意图

（2）创建刀具

◎命令应用。"创建刀具"命令用于创建刀具，如平底刀、圆角刀、球头刀和麻花钻等。

◎位于何处？在功能区，"主页"选项卡的"插入"组→"创建刀具" 🔧。

💡提示：编程时，根据需要创建所用的刀具。在 NX 中，创建的刀具可在"工序导航器 - 机床"视图中查看。

（3）创建方法

◎命令应用。"创建方法"命令用于设置加工余量和公差。

◎位于何处？在功能区，"主页"选项卡的"插入"组→"创建方法" 🔧。

💡提示：在 NX 中，系统已经创建了一组加工方法，如粗加工（MILL_ROUGH）、半精加工（MILL_SEMI_FINISH）、精加工（MILL_FINISH）和孔加工（DRILL_METHOD）等，可在"工序导航器 - 加工方法"视图中查看。

（4）创建程序

◎命令应用。"创建程序"命令用于创建程序父组，以对创建的刀轨进行归类管理。

◎位于何处？在功能区，"主页"选项卡的"插入"组→"创建程序" 🔧。

💡提示：在 NX 中，系统已经创建了一个程序（PROGRAM），可在"工序导航器 - 程序顺序"视图中查看。另外，此处所说的"程序"不是数控编程所产生的程序，其含义类似于文件夹，用于存放刀轨。

知识 14.4　通用参数

（1）刀轨设置

在"刀轨设置"组可设置切削模式、步距、公共每刀切削深度、切削和非切削移动等参数，以控制刀具的移动。

① 切削模式。"切削模式"用于确定刀具在切削区域的刀具路径模式与走刀方式，包括以下选项：

◇"跟随部件"，是对切削区域的外轮廓和岛屿轮廓进行偏置来产生一系列的仿形刀轨，如图 14-8 所示。

◇"跟随周边"，是对切削区域或毛坯几何体定义的最外侧边缘进行偏置来产生一系列同心封闭的环形刀轨，如图 14-9 所示。

💡提示：跟随部件相对于跟随周边而言，将不考虑毛坯几何体的偏置。

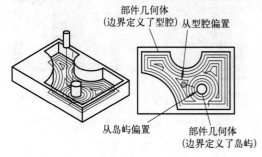

图 14-8　"跟随部件"切削模式

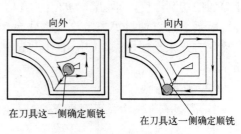

图 14-9　"跟随周边"切削模式

◇"单向"，将产生一系列单向的平行的线性刀轨，刀具的回程是快速横越运动，并能够维持单纯顺铣或逆铣，如图 14-10 所示。

　　◇"往复"，将产生一系列平行的连续的线性往复刀轨，而且顺铣和逆铣并存，因此切削效率较高，如图 14-11 所示。

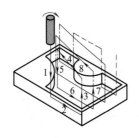

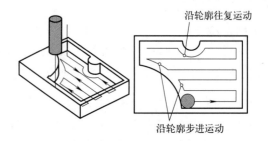
沿轮廓往复运动
沿轮廓步进运动

图 14-10　"单向"切削模式　　　　　　图 14-11　"往复"切削模式

　　◇"轮廓"，将产生一条或指定数量的沿着零件侧壁或轮廓加工的刀轨，如图 14-12 所示。

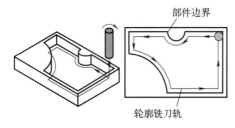
部件边界
轮廓铣刀轨

图 14-12　"轮廓"切削模式

💡 **提示**：一般情况，整体粗加工选择"跟随部件"切削模式，加工平面选择"往复"切削模式，加工侧壁选择"轮廓"切削模式。

　　② 步距。"步距"是刀具的侧吃刀量，用于指定相邻刀路之间的距离，即切宽，如图 14-13（a）所示。可以直接输入一个常数值或刀具直径的百分比来指定步距，如图 14-13（b）所示，也可以间接通过输入残余高度并使系统计算切削刀路间的距离来指定步距，如图 14-13（c）所示。

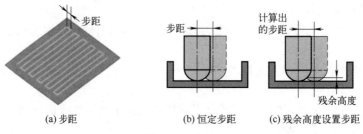
步距
步距
计算出的步距
残余高度

(a) 步距　　　　　　(b) 恒定步距　　　(c) 残余高度设置步距

图 14-13　步距

　　③ 公共每刀切削深度。"公共每刀切削深度"是刀具的垂直下刀量，用于指定每层的切削深度，即切深，如图 14-14（a）所示。可以通过"恒定"或"残余高度"方式来设置切深，如图 14-14（b）所示。

（2）切削参数

　　"切削参数"用于设置刀具在切削工件时的一些处理方式。

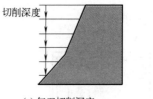
切削深度

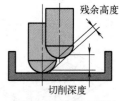
残余高度
切削深度

(a) 每刀切削深度　　　　　(b) 残余高度设置切削深度

图 14-14　公共每刀切削深度

　　① 策略。"策略"选项卡用于进一步控制刀具路径，是切削参数设置中的重点，而且对生成的刀具路径影响较大，包括以下内容：

"切削方向"用于决定刀具进给方向，有"顺铣""逆铣"两个选项。一般数控加工多选择顺铣，但粗加工锻造毛坯、铸造毛坯等时，可选择逆铣。

"切削顺序"用于当模型具有多个区域时，指定加工的先后顺序，有"层优

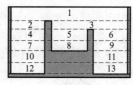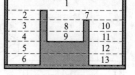

(a) 层优先　　　　　　(b) 深度优先
图 14-15　切削顺序

先""深度优先"两个选项，如图 14-15 所示。选择"深度优先"可有效减少层间转移出现的抬刀；加工薄壁零件时，应选择"层优先"以防止薄壁受力变形。

② 空间范围。"空间范围"选项卡常用于设置残留材料的加工，可选择"过程工件"或

(a) 无　　　(b) 使用3D　　(c) 使用基于层的
图 14-16　过程工件

"参考刀具"两种方式之一进行设置。

"过程工件"（In_Process_Workpiece，IPW）用于设置当前工序的毛坯类型，有"无""使用 3D""使用基于层的"等选项，如图 14-16 所示。

当设置为"无"时，是指使用"指定毛坯"中定义的模型作为当前工序的毛坯。当设置为"使用 3D""使用基于层的"时，是指使用前一工序加工后形成的剩余材料（即中间毛坯）作为当前工序的毛坯。"使用基于层的"与"使用 3D"选项相比，前者在刀轨处理时间上显著减少，而且刀轨更加规则。

"参考刀具"用于设置是否采用参考刀具方式进行加工，有"NONE""选择参考刀具"两个选项。当设置为某一参考刀具时，是指当前工序所用的刀具仅加工之前较大的刀具（即参考刀具）无法进入区域中的材料。

> 💡 提示："参考刀具"方式虽然也可用于残留材料的粗加工，但为了加工安全，建议此方式用于清角加工。

（3）非切削移动

"非切削移动"用于指定切削加工以外的移动方式，如进刀与退刀、切削区域起始位置、避让、刀具补偿、碰撞检查和区域间连接方式等。

① 进刀。"进刀"选项卡用于指定刀具从进刀点移动到初始切削位置的运动方式。在"封闭区域"常用的进刀方式有"螺旋""沿形状斜""插铣"等，如图 14-17 所示；在"开放区域"常用的进刀方式有"线性""线性-相对于切削""圆弧"等，如图 14-18 所示。

(a) 螺旋进刀　　(b) 沿形状斜进刀　　(c) 插铣进刀
图 14-17　"封闭区域"进刀方式

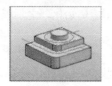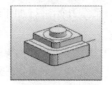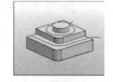

(a) 线性进刀　　(b) 线性-相对于切削进刀　　(c) 圆弧进刀
图 14-18　"开放区域"进刀方式

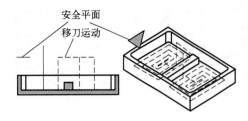

安全平面
移刀运动

图 14-19　"区域间"和"区域内"转移示意图

② 转移 / 快速。"转移 / 快速"选项卡用于指定如何从一条切削刀路移动到另一条切削刀路，分为"区域间"和"区域内"的转移。如图 14-19 所示的零件有两个腔，刀具在两个腔之间的移动称为"区域间"的转移，即横越运动，常用"安全距离 - 刀轴"类型，如图 14-20（a）所示；刀具在一个腔内不同层之间的移动称为"区域内"的转移，即层间运动，为减小抬刀的高度或减少抬刀的次数，常用"前一平面"或"直接"类型，如图 14-20（b）和图 14-20（c）所示。

(a) 安全距离-刀轴

(b) 前一平面

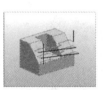
(c) 直接

图 14-20　转移类型

（4）进给率和速度

"进给率和速度"用于指定进给率和主轴速度。可以直接设置"表面速度"和"每齿进给量"，也可以在设置"主轴速度"和"切削"进给率后，计算出"表面速度"和"每齿进给量"。还可以进一步设置"逼近""进刀""第一刀切削""步进""移刀""退刀""离开"等参数。

> **提示：** 在进给率选项中，设置为 0 不表示进给率为 0，而是使用其默认值。如非切削运动的快进、逼近、移刀、退刀、离开等选项将采用快进方式，即使用 G00 方式移动，而切削运动的进刀、第一刀、步距等选项将采用切削进给速度。

初始化加工
环境

 项目实施

任务 14.1　初始化加工环境

步骤 1：打开模型文件。 打开零件模型文件"平面零件 .prt"。

步骤 2：启动加工模块。 在"应用模块"选项卡"加工"组中，单击"加工" ，弹出"加工环境"对话框，如图 14-21 所示。

步骤 3：初始化加工环境。 在"加工环境"对话框的"CAM 会话配置"组中，选择"cam_general"，在"要创建的 CAM 组装"组中，选择"mill_contour"，如图 14-21 序号①～②所示，单击"确定"，如图 14-21 序号③所示，系统开始进行加工环境初始化，之后显示加工界面。

> **提示：** 在数控编程前要进行部件（模板）初始化设置，即在部件文件中创建加工设置。如果部件是首次启动加工模块，或者是虽启动过加工模块，但没有保存加工环境，或者是删除了所有的加工数据，系统将弹出上述"加工环境"对话框。

任务 14.2 设置父组参数

（1）创建几何体

① 设置加工坐标系和安全平面，步骤如下：

步骤 1：显示几何视图。 在左侧资源条中，单击"工序导航器"，然后在上边框条的"工序导航器"组中，单击"几何视图" 将显示"工序导航器 - 几何"视图，如图 14-22 序号①～②所示。单击加号"+"，如图 14-22 序号③所示，展开"MCS_MILL"，显示完整的几何视图内容，如图 14-22 序号④所示。

步骤 2：打开 MCS 对话框。 在"工序导航器 - 几何"视图中，双击"MCS_MILL"（或鼠标右键单击"MCS_MILL"再选择"编辑"），如图 14-23 序号①所示，弹出"MCS 铣削"对话框。

步骤 3：设置加工坐标系。 在对话框的"机床坐标系"组中，单击"指定 MCS"后的符号 ，弹出"坐标系"对话框，从列表中选择"绝对坐标系"，单击"确定"，如图 14-23 序号②～④所示。

图 14-21 "加工环境"对话框

图 14-22 "工序导航器 - 几何"视图

💡**提示：** 为便于对刀，加工坐标系一般设置于零件顶面中心，即所谓的"四面分中、对顶为零"。如果加工坐标系未在上述位置，建议在加工初始化之前调整零件的绝对坐标系位置至顶面中心。

步骤 4：设置安全平面。 在对话框的"安全设置"组中，设置"安全设置选项"为"平面"；在图形窗口中，选择零件模型最上面的平面，设置"距离"为"20"，如图 14-23 序号⑤～⑦所示。

💡**提示：** 安全平面是指刀具可以快速移动，而不与工件、夹具等发生碰撞的高度位置，一般设置于距离工件最高表面 10～20mm 的位置。

步骤 5：关闭"MCS 铣削"对话框。 单击"确定"，如图 14-23 序号⑧所示，接受设置并关闭"MCS 铣削"对话框，完成加工坐标系与安全平面的设置。

② 设置工件，操作步骤如下：

步骤 1：打开"工件"对话框。 在"工序导航器 - 几何"视图中，双击"WORKPIECE"，如图 14-24 序号①所示，弹出"工件"对话框。

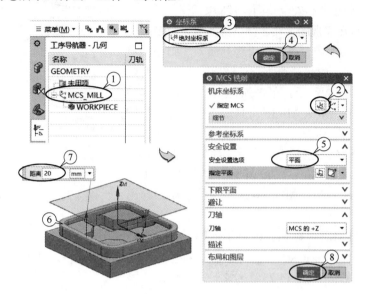

图 14-23 "MCS 铣削"对话框与设置加工坐标系的步骤

步骤 2：指定部件。 在"工件"对话框中，单击"指定部件" 📦，弹出"部件几何体"对话框；在图形窗口中，选择零件模型；在"部件几何体"对话框中，单击"确定"，如图 14-24 序号②～④所示，完成部件的设置并返回"工件"对话框。

图 14-24 "工件"对话框与设置部件的步骤

步骤 3：指定毛坯。 在"工件"对话框中，单击"指定毛坯" ⊛，如图 14-24 序号⑤所示，弹出"毛坯几何体"对话框；在"毛坯几何体"对话框中，选择毛坯类型为"包容块"，设置各方向限制值均为"0"，单击"确定"，如图 14-25 序号①～③所示，完成毛坯的设置并返回至"工件"对话框。

步骤 4：关闭"工件"对话框。单击"确定"，如图 14-24 序号⑥所示，完成工件的设置。

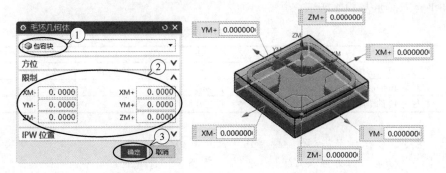

图 14-25　"毛坯几何体"对话框和设置毛坯的步骤

（2）创建刀具

① 创建直径为 20、刀角半径（下半径）为 1.2 的圆角刀，步骤如下：

步骤 1：执行"创建刀具"命令。在"主页"选项卡的"插入"组中，单击"创建刀具" ，如图 14-26 序号①所示，弹出"创建刀具"对话框。

步骤 2：设置刀具类型。在"创建刀具"对话框的"类型"列表中，选择"mill_contour"，在"刀具子类型"组中，选择"MILL" ，在"名称"框中，输入"D20R1.2"，单击"确定"，如图 14-26 序号②～⑤所示，弹出"铣刀-5 参数"对话框。

步骤 3：设置刀具参数。在"铣刀-5 参数"对话框的"尺寸"组中，设置"直径"为"20"、"下半径"为"1.2"、"长度"为"100"、"刀刃长度"为"30"、"刀刃"为"2"，其他参数保持默认；在"编号"组中，各参数均设置为"1"。如图 14-26 序号⑥～⑨所示。

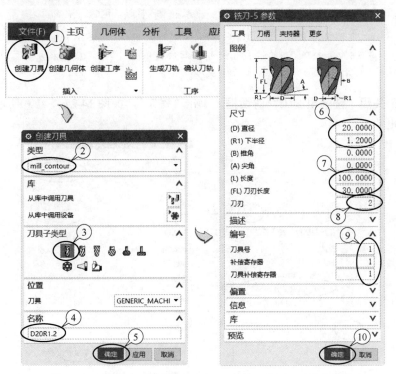

图 14-26　"创建刀具""铣刀-5 参数"对话框与创建刀具的步骤

　　步骤 4：结束"创建刀具"命令。单击"确定"，如图 14-26 序号⑩所示，完成刀具的创建。
　　② 创建直径为 10、刀角半径为 0.5 的圆角刀和直径为 10 的平底刀。参照上述步骤，创建圆角刀和平底刀，如表 14-2 所示。

表 14-2　刀具参数表

序号	刀具描述	名称	直径	下半径	长度	刀刃长度	刀刃	编号组参数
1	直径为 20 的圆角刀	D20R1.2	20	1.2	100	30	2	1
2	直径为 10 的圆角刀	D10R0.5	10	0.5	75	25	4	2
3	直径为 10 的平底刀	E10	10	0	75	25	4	3

> 💡 **提示**：为了便于识读刀具参数，通常用字母和刀具参数命名刀具。一般平底刀以"字母 E+ 刀具直径"命名，圆角刀以"字母 D+ 刀具直径 + 字母 R+ 刀角半径"命名，球头刀以"字母 B+ 刀具直径"命名。

　　（3）创建方法
　　① 设置粗加工余量和公差，步骤如下：
　　步骤 1：显示加工方法视图。在左侧资源条中，单击"工序导航器"，然后在上边框条的"工序导航器"组中，单击"加工方法视图" 🗂️，将显示"工序导航器 - 加工方法"视图，如图 14-27 序号①～②所示。
　　步骤 2：打开"铣削粗加工"对话框。在"工序导航器 - 加工方法"视图中，双击"MILL_ROUGH"，如图 14-27 序号③所示，弹出"铣削粗加工"对话框。
　　步骤 3：设置粗加工余量和公差。设置"部件余量"为"0.2"、"内公差"为"0.1"、"外公差"为"0.1"，如图 14-27 序号④～⑤所示。

> 💡 **提示**：一般情况下，粗加工余量设置为 0.5～1.0mm，半精加工余量设置为 0.2～0.5mm，精加工余量设置为 0mm。如不进行半精加工，粗加工余量可小些，如 0.25～0.35mm。平面一般留余量 0.2mm，精加工一次。
> 　　粗加工、半精加工的加工精度可设置为加工余量的 1/10（约 0.1mm），精加工的加工精度一般设定为 0.01mm。切勿将两个值都指定为 0。

　　步骤 4：关闭"铣削粗加工"对话框。单击"确定"，如图 14-27 序号⑥所示，接受设置并关闭对话框。

图 14-27　"工序导航器 - 加工方法"视图和"铣削粗加工"对话框

② 设置精加工加工余量和公差，步骤如下：

步骤 1：打开"铣削精加工"对话框。在"工序导航器 - 加工方法"视图中，双击"MILL_FINISH"，弹出"铣削精加工"对话框。

步骤 2：设置精加工余量和公差。设置"部件余量"为"0"、"内公差"为"0.01"、"外公差"为"0.01"。

编写整体
粗加工
程序

任务 14.3　编写整体粗加工程序

（1）执行"型腔铣"命令

步骤 1：执行"创建工序"命令。在"主页"选项卡的"插入"组中，单击"创建工序" ，如图 14-28 序号①所示，弹出"创建工序"对话框。

步骤 2：选择型腔铣工序类型。在对话框的"类型"和"工序子类型"组中，设置"类型"为"mill_contour"，"工序子类型"为"型腔铣" ，如图 14-28 序号②～③所示。

步骤 3：选择父组参数。在对话框的"位置"组中，设置"程序"为"PROGRAM"、"刀具"为"D20R1.2"、"几何体"为"WORKPIECE"、"方法"为"MILL_ROUGH"，如图 14-28 序号④所示。

步骤 4：显示"型腔铣"对话框。在对话框的"名称"组中，保持默认名称"CAVITY_MILL"，单击"确定"，如图 14-28 序号⑤所示，弹出"型腔铣"对话框。

（2）检查几何体和刀具

由于在"创建工序"对话框中已经选择了几何体、刀具，所以在"型腔铣"对话框中将显示这些信息："几何体"为"WORKPIECE"、"刀具"为"D20R1.2"，如图 14-29 序号①～②所示。

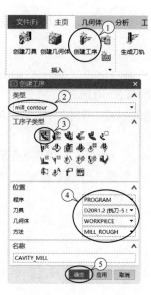

图 14-28　"创建工序"对话框

图 14-29　"型腔铣"对话框

（3）设置刀轨参数

步骤 1：设置切削模式。 在"刀轨设置"组中，设置"切削模式"为"跟随部件"，如图 14-29 序号③所示。

步骤 2：设置步距。 在"刀轨设置"组中，设置"步距"为"恒定"、"最大距离"为 70% 刀具直径，如图 14-29 序号④所示。

步骤 3：设置每刀深度。 在"刀轨设置"组中，设置"公共每刀切削深度"为"恒定"、"最大距离"为"0.4"，如图 14-29 序号⑤所示。

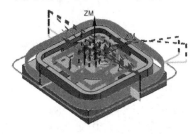

图 14-30　整体粗加工刀轨（未优化）

步骤 4：生成刀具轨迹。 在"型腔铣"对话框的"操作"组中，单击"生成" ，如图 14-29 序号⑥所示，系统开始计算并生成刀具轨迹，如图 14-30 所示。从图中可以看出，刀具轨迹中有很多红色的线，这是快速移动的路线，即跳刀很多，所以需要对刀轨进行优化。

（4）设置切削区域

步骤 1：打开"切削区域"对话框。 在"型腔铣"对话框的"几何体"组中，单击"指定切削区域" ，如图 14-29 序号⑦所示，弹出"切削区域"对话框（略）。

步骤 2：选择切削区域。 在图形窗口中，选择零件加工区域的所有面，共 43 个面，如图 14-31 所示。单击"确定"，返回"型腔铣"对话框。

步骤 3：生成刀具轨迹。 在"型腔铣"对话框的"操作"组中，单击"生成" ，系统开始计算并生成刀具轨迹，如图 14-32 所示。从图中可以看出，外侧多余的刀具轨迹已经消失。

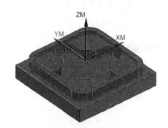

图 14-31　切削区域面

图 14-32　整体粗加工刀轨（指定切削区域）

（5）设置切削参数

步骤 1：打开"切削参数"对话框。 在"型腔铣"对话框中，单击"切削参数" ，如图 14-29 序号⑧所示，弹出"切削参数"对话框，如图 14-33 所示。

步骤 2：设置切削方向和切削顺序。 在"策略"选项卡中，设置"切削方向"为"顺铣"、"切削顺序"为"深度优先"，如图 14-33 序号①～②所示。

步骤 3：设置部件余量和公差。 在"余量"选项卡中，确认已选中"使底面余量与侧面余量一致"复选框，确认"部件侧面余量""内公差""外公差"等参数已继承"方法"父组参数，如图 14-33 序号③～⑥所示。

步骤 4：设置开放区域刀轨模式。 在"连接"选项卡中，设置"开放刀路"为"变换切削方向"，如图 14-33 序号⑦～⑧所示。

💡 **提示：** 设置"开放刀路"为"变换切削方向"，将产生类似于"往复"的刀轨形式，从而减少抬刀次数。

步骤5：关闭"切削参数"对话框。保持其他选项卡各参数的默认设置，单击"确定"，如图14-33序号⑨所示，返回"型腔铣"对话框。

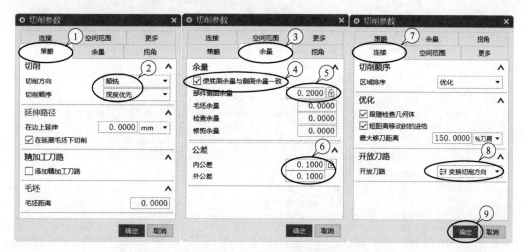

图14-33 "切削参数"对话框与设置主要参数的步骤

步骤6：生成刀具轨迹。在"型腔铣"对话框的"操作"组中，单击"生成" ，系统开始计算并生成刀具轨迹，如图14-34所示。从图中可以看出，红色刀具轨迹即跳刀情况进一步减少。

（6）设置非切削移动

步骤1：打开"非切削移动"对话框。在"型腔铣"对话框中，单击"非切削移动" ，如图14-29序号⑨所示，弹出"非切削移动"对话框，如图14-35所示。

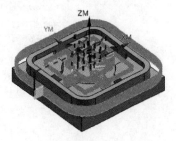

图14-34 整体粗加工刀轨（优化切削参数）

步骤2：设置进刀方式。在"进刀"选项卡的"封闭区域"组中，设置"进刀类型"为"沿形状斜进刀"、"斜坡角度"为"3"、"高度"为"1"，如图14-35序号①～③所示，其他参数保持默认值；在"开放区域"组中，设置"进刀类型"为"线性"、"高度"为"1"，如图14-35序号④～⑤所示，其他参数保持默认值。

步骤3：设置转移方式。在"转移/快速"选项卡的"安全设置"组中，设置"安全设置选项"为"使用继承的"；在"区域之间"组中，设置"转移类型"为"安全距离-刀轴"；在"区域内"组中，设置"转移方式"为"进刀/退刀"、"转移类型"为"前一平面"、"安全距离"为"1"。如图14-35序号⑥～⑨所示。

步骤4：关闭"非切削移动"对话框。单击"确定"，如图14-35序号⑩所示，返回"型腔铣"对话框。

步骤5：生成刀具轨迹。在"型腔铣"对话框的"操作"组中，单击"生成" ，系统开始计算并生成刀具轨迹，如图14-36所示。从图中可以看出，红色刀具轨迹即跳刀情况已大幅减少。

（7）设置进给率和速度

步骤1：打开"进给率和速度"对话框。在"型腔铣"对话框中，单击"进给率和速度" ，如图14-29序号⑩所示，弹出"进给率和速度"对话框，如图14-37所示。

图 14-35 "非切削移动"对话框与设置主要参数的步骤

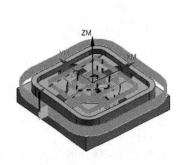

图 14-36 整体粗加工刀轨（优化非切削参数）

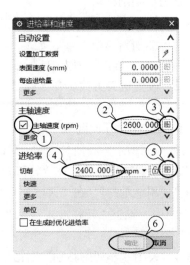

图 14-37 "进给率和速度"对话框

步骤 2：设置主轴速度。 在"主轴速度"组中，选中"主轴速度"复选框，设置"主轴速度"为"2600"，按"Enter"键，单击"计算"⊞，如图 14-37 序号①～③所示。

步骤 3：设置进给率。 在"进给率"组中，设置"切削"为"2400"，按"Enter"键，单击"计算"⊞，如图 14-37 序号④～⑤所示。

步骤 4：关闭"进给率和速度"对话框。 其他参数保持默认值。单击"确定"，如图 14-37 序号⑥所示，返回"型腔铣"对话框。

步骤 5：生成刀具轨迹。在"型腔铣"对话框的"操作"组中，单击"生成" ，系统开始计算并生成刀具轨迹。

（8）刀具轨迹仿真

步骤 1：打开"轨迹仿真"对话框。在"型腔铣"对话框的"操作"组中，单击 ，如图 14-29 序号 ⑪ 所示，弹出"刀轨可视化"对话框，如图 14-38 所示。

步骤 2：选择动态仿真模式。在"刀轨可视化"对话框中，单击"3D 动态"选项卡，如图 14-38 序号①所示。

步骤 3：执行轨迹仿真。单击"播放" ▶ 开始仿真，如图 14-38 序号②所示，显示刀具切削材料的过程，如图 14-38 序号③所示。可以通过拖动"动画速度"进度条控制播放速度，如图 14-38 序号④所示。

步骤 4：分析残余料厚。单击"分析"，如图 14-38 序号⑤所示，弹出"分析"对话框（略），在图形窗口中单击模型，将显示此位置处的厚度值，如图 14-38 序号⑥所示。由测量结果可知，在型腔圆角处有较多的残余材料。原因是刀具直径较大，而圆角半径较小，所以刀具无法进刀加工到指定的余量。

步骤 5：关闭"刀轨可视化"对话框。单击"确定"，如图 14-38 序号⑦所示，退出仿真界面。

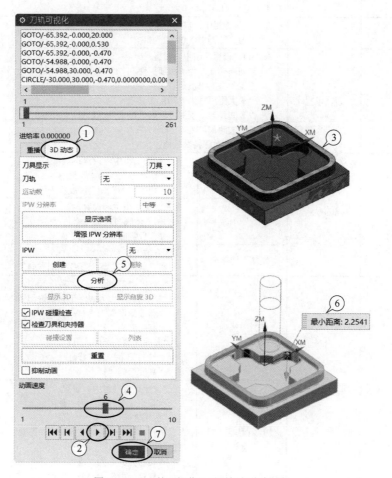

图 14-38 "刀轨可视化"对话框与仿真结果

（9）结束"型腔铣"命令

单击"确定"，如图 14-29 序号⑫所示，关闭"型腔铣"对话框，完成整体粗加工程序的创建。最终的整体粗加工参数如表 14-3 所示。

表 14-3 整体粗加工"型腔铣"加工参数

对话框	序号	参数组	参数值	
创建工序	1	类型	在"类型"组中，设置： "类型"为"mill_contour"	
	2	工序子类型	在"工序子类型"组中，设置： "工序子类型"为"型腔铣"	
	3	位置	在"位置"组中，设置： "程序"为"PROGRAM"； "刀具"为"D20R1.2"； "几何体"为"WORKPIECE"； "方法"为"MILL_ROUGH"	
	4	名称	在"名称"组中，保持默认： "名称"为"CAVITY_MILL"	
型腔铣	5	几何体	在"几何体"组中，自动继承： "几何体"为"WORKPIECE"； 单击"指定切削区域"，在图形窗口中选择零件加工区域的所有面，共 43 个面，如图 14-31 所示	
	6	工具	在"刀具"组中，自动继承： "刀具"为"D20R1.2"	
	7	刀轨设置	在"刀轨设置"组中，设置： "切削模式"为"跟随部件"； "步距"为"恒定"； "最大距离"为"70% 刀具直径"； "公共每刀切削深度"为"恒定"； "最大距离"为"0.4"。 其他参数保持默认值	
	8	切削参数	"策略"选项卡	在"切削"组中，设置： "切削方向"为"顺铣"； "切削顺序"为"深度优先"
			"余量"选项卡	在"余量"组中，设置： ☑ "使底面余量与侧面余量一致"； "部件侧面余量"为"0.2"
			"连接"选项卡	在"开放刀路"组中，设置： "开放刀路"为"变换切削方向"
	9	非切削移动	"进刀"选项卡	在"封闭区域"组中，设置： "进刀类型"为"沿形状斜进刀"； "斜坡角度"为"3"； "高度"为"1"。 在"开放区域"组中，设置： "进刀类型"为"线性"； "高度"为"1"
			"转移/快速"选项卡	在"安全设置"组中，设置： "安全设置选项"为"使用继承的"。 在"区域之间"组中，设置： "转移类型"为"安全距离 - 刀轴"。 在"区域内"组中，设置： "转移方式"为"进刀/退刀"； "转移类型"为"前一平面"； "安全距离"为"1"

续表

对话框	序号	参数组	参数值
型腔铣	10	进给率和速度	在"主轴速度"组中，设置： ☑ "主轴速度"为"2600"。 在"进给率"组中，设置： "切削"为"2400"。 其他参数保持默认值

任务 14.4 编写残料粗加工程序

编写残料
粗加工
程序

（1）复制刀具轨迹

步骤1：显示程序顺序视图。在上边框条的"工序导航器"组中，单击"程序顺序视图" ，如图 14-39 序号①～②所示，将显示"工序导航器 - 程序顺序"视图。

步骤2：复制刀具轨迹。在"工序导航器 - 程序顺序"视图中，鼠标右键单击整体粗加工刀具轨迹"CAVITY_MILL"，在右键菜单中选择"复制"，如图 14-39 序号③～④所示。

步骤3：粘贴刀具轨迹。再次用鼠标右键单击整体粗加工工序"CAVITY_MILL"，选择"粘贴"，如图 14-39 序号⑤～⑥所示，完成刀具轨迹的复制，保持默认名称为"CAVITY_MILL_COPY"。

图 14-39 "工序导航器 - 程序顺序"视图与复制刀轨的步骤

（2）修改刀具和每刀深度

步骤1：打开"型腔铣"对话框。在"工序导航器程序 - 顺序视图"中，双击残余材料粗加工刀具轨迹"CAVITY_MILL_COPY"，弹出"型腔铣"对话框。

步骤2：修改刀具。在"工具"组中，设置"刀具"为"D10R0.5"。

步骤3：修改公共每刀切削深度。在"刀轨设置"组中，设置"公共每刀切削深度"为"恒定"、"最大距离"=0.2。

（3）设置残料粗加工方式

步骤1：打开"切削参数"对话框。在"刀轨设置"组中，单击"切削参数" ，打开"切削参数"对话框。

步骤2：设置过程工件。在"空间范围"选项卡"毛坯"组中，设置"过程工件"为"使用 3D"。

步骤3：修改部件余量。在"余量"选项卡"余量"组中，设置"部件侧面余量"为"0.25"。

（4）修改进给率和速度

步骤 1：打开"进给率和速度"对话框。 在"刀轨设置"组中，单击"进给率和速度"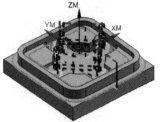

步骤 2：修改进给率和速度。 设置"主轴速度"为"3000"、"切削"为"1300"。

（5）生成刀具轨迹

在"操作"组，单击"生成" ，系统开始计算并生成刀具轨迹，如图 14-40 所示。单击"确定"，关闭"型腔铣"对话框。

图 14-40 残料粗加工刀轨

最终的残料粗加工"型腔铣"加工参数如表 14-4 所示。

表 14-4 残料粗加工"型腔铣"加工参数

对话框	序号	参数组	参数值	
型腔铣	1	工具	在"刀具"组中，设置："刀具"为"D10R0.5"	
	2	刀轨设置	在"刀轨设置"组中，设置："公共每刀切削深度"为"恒定"；"最大距离"为"0.2"	
	3	切削参数	"空间范围"选项卡	在"毛坯"组中，设置："过程工件"为"使用 3D"
			"余量"选项卡	在"余量"组中，设置：☑ "使底面余量与侧面余量一致"；"部件侧面余量"为"0.25"
	4	进给率和速度	在"主轴速度"组中，设置：☑ "主轴速度"为"3000"。在"进给率"组中，设置："切削"为"1300"	

任务 14.5 编写底面精加工程序

（1）复制刀具轨迹

步骤 1：复制刀具轨迹。 在"工序导航器 - 程序顺序"视图中，鼠标右键单击整体粗加工刀具轨迹"CAVITY_MILL"，选择"复制"。

步骤 2：粘贴刀具轨迹。 鼠标右键单击残料粗加工刀具轨迹"CAVITY_MILL_COPY"，选择"粘贴"，完成刀具轨迹的复制，默认名称为"CAVITY_MILL_COPY_1"。

💡 提示：复制刀轨时，在整体粗加工刀具轨迹"CAVITY_MILL"上单击鼠标右键选择"复制"；粘贴刀轨时，要在残料粗加工刀具轨迹"CAVITY_MILL_COPY"上单击鼠标右键选择"粘贴"。

（2）修改刀具和每刀深度

步骤 1：打开"型腔铣"对话框。 在"工序导航器 - 程序顺序视图"中，双击底面精加工刀具轨迹"CAVITY_MILL_COPY_1"，弹出"型腔铣"对话框。

步骤 2：修改刀具。 在"工具"组中，设置"刀具" = "E10"。

步骤 3：修改方法。 在"刀轨设置"组中，设置"方法"为"MILL_FINISH"。

步骤 4：修改每刀深度。在"刀轨设置"组中，设置"公共每刀切削深度"为"恒定"、"最大距离"为"0.2"。

（3）修改加工余量

步骤 1：打开"切削参数"对话框。在"型腔铣"对话框中，单击"切削参数" 🔲，弹出"切削参数"对话框。

步骤 2：修改部件余量。在"余量"选项卡"余量"组中，取消选中"使底面余量与侧面余量一致"复选框，设置"部件侧面余量"为"0.5"、"部件底面余量"为"0"。

💡 **提示：**设置"部件侧面余量"为"0.5"是为了防止在精加工底面的时候，刀具同时加工侧壁。

（4）修改进给率和速度

步骤 1：打开"进给率和速度"对话框。在"刀轨设置"组中，单击"进给率和速度" 🏷️，打开"进给率和速度"对话框。

步骤 2：修改进给率和速度。设置"主轴速度"为"1200"、"切削"="800"。

（5）设置切削层

步骤 1：打开"切削层"对话框。在"型腔铣"对话框，单击"切削层" 📝，如图 14-29 序号 ⑬ 所示，弹出"切削层"对话框，如图 14-41 所示。

步骤 2：设置仅加工底面。在"范围"组中，设置"切削层"为"仅在范围底部"，如图 14-41 序号①所示。

步骤 3：关闭"切削层"对话框。单击"确定"返回"型腔铣"对话框，如图 14-41 序号②所示。

💡 **提示：**"切削层"将在高度方向上把整个切削范围划分为多个切削范围，并为每个切削范围指定不同的公共每刀切削深度。此处设置只对零件各平面进行加工。

步骤 4：生成刀具轨迹。在"操作"组中，单击"生成" 🖥️，系统开始计算并生成刀具轨迹，如图 14-42 所示。

图 14-41　"切削层"对话框

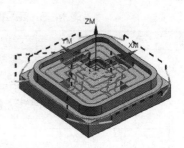

图 14-42　底面精加工刀轨（未优化）

从图中可以看出，仅在零件各平面位置生成刀具轨迹，但在零件内部首层中间无材料的位置也产生了刀轨，所以需要进一步优化。

（6）修改切削区域

步骤 1：删除已选切削区域。 在"型腔铣"对话框的"几何体"组中，单击"指定切削区域" 🔷，如图 14-29 序号⑦所示，弹出"切削区域"对话框。单击"移除" ✕，如图 14-43 序号①所示，将删除已经选择的各面。

步骤 2：选择切削平面。 在图形窗口中，选择要加工的平面，如图 14-43 序号②～⑦所示，以及外侧的竖直面，如图 14-43 序号⑧所示，共 14 个面。单击"确定"返回"型腔铣"对话框。

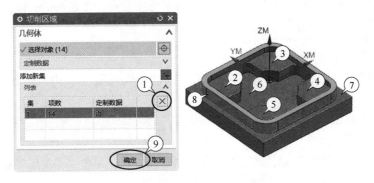

图 14-43　选择切削平面的步骤

步骤 3：再次生成刀具轨迹。 在"操作"组中，单击"生成" 🏴，系统开始计算并生成刀具轨迹，如图 14-44 所示。单击"确定"，关闭"型腔铣"对话框。

💡**提示：** 如果不选择外侧竖直面，外侧的平面将不会产生刀具轨迹，如图 14-45 所示。

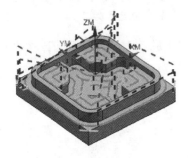

图 14-44　底面精加工刀轨（选择竖直面）

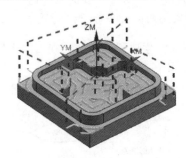

图 14-45　底面精加工刀轨（未选择竖直面）

最终的底面精加工参数如表 14-5 序号 1～6 所示。

表 14-5　底面和侧壁精加工"型腔铣"加工参数

加工工序	序号	参数组	参数值
底面精加工	1	几何体	在"几何体"组中，自动继承："几何体"为"WORKPIECE"。 单击"指定切削区域" 🔷，在"切削区域"对话框中，单击"移除" ✕ 删除已选择的各面。在图形窗口，选择要加工的平面和外侧的竖直面，共 14 个面，如图 14-43 所示
	2	工具	在"刀具"组中，设置："刀具"为"E10"

续表

加工工序	序号	参数组	参数值	
底面精加工	3	刀轨设置	在"刀轨设置"组中，设置： 　"方法"为"MILL_FINISH"； 　"公共每刀切削深度"为"恒定"； 　"最大距离"为"0.2"	
	4	切削层	在"范围"组中，设置： 　"切削层"为"仅在范围底部"	
	5	切削参数	"余量"选项卡	在"余量"组中，设置： 　□"使底面余量与侧面余量一致"； 　"部件侧面余量"为"0.5"； 　"部件底面余量"为"0"
	6	进给率和速度	在"主轴速度"组中，设置： 　☑"主轴速度"为"1200"。 在"进给率"组中，设置： 　"切削"为"800"	
侧壁精加工	7	刀轨设置	在"刀轨设置"组中，设置： 　"切削模式"为"轮廓"； 　"公共每刀切削深度"为"恒定"； 　"最大距离"为"10"	
	8	切削层	在"范围"组中，设置： 　"切削层"为"恒定"	
	9	切削参数	"余量"选项卡	在"余量"组中，设置： 　☑"使底面余量与侧面余量一致"； 　"部件侧面余量"为"0"
	10	非切削移动	"进刀"选项卡	在"开放区域"组中，设置： 　"进刀类型"为"圆弧"； 　"半径"为"5mm"； 　"高度"为"1"
			"起点 / 钻点"选项卡	在"重叠距离"组中，设置： 　"重叠距离"为"1"
	11	进给率和速度	在"主轴速度"组中，设置： 　☑"主轴速度"为"800"。 在"进给率"组中，设置： 　"切削"为"400"	

编写侧壁
精加工
程序

任务 14.6　编写侧壁精加工程序

（1）复制刀具轨迹

复制并粘贴底面精加工刀具轨迹"CAVITY_MILL_COPY_1"，保持默认名称为"CAVI-TY_MILL_COPY_1_COPY"。

（2）修改切削模式和公共每刀切削深度

步骤 1：打开"型腔铣"对话框。 在"工序导航器 - 程序顺序视图"中，双击侧壁精加工刀具轨迹"CAVITY_MILL_COPY_1_COPY"，弹出"型腔铣"对话框。

步骤 2：修改切削模式。 在"刀轨设置"组中，设置"切削模式"为"轮廓"。

步骤 3：修改公共每刀切削深度。 在"刀轨设置"组中，设置"公共每刀切削深度"为"恒定"、"最大距离"为 10。

（3）修改切削层

步骤 1：打开"切削层"对话框。在"型腔铣"对话框中，单击"切削层" ，弹出"切削层"对话框。

步骤 2：取消仅加工底面。在"范围"组中，设置"切削层"为"恒定"。

（4）修改加工余量

步骤 1：打开"切削参数"对话框。在"型腔铣"对话框中，单击"切削参数" ，弹出"切削参数"对话框。

步骤 2：修改部件余量。在"余量"选项卡"余量"组中，选中"使底面余量与侧面余量一致"复选框，设置"部件侧面余量"为"0"。

（5）修改进刀类型

步骤 1：打开"非切削移动"对话框。在"型腔铣"对话框中，单击"非切削移动" ，弹出"非切削移动"对话框。

步骤 2：修改进刀类型。在"进刀"选项卡"开放区域"组中，设置"进刀类型"为"圆弧"、"半径"为"5mm"、"高度"为"1mm"。

步骤 3：设置进退刀重叠距离。在"起点/钻点"选项卡"重叠距离"组中，设置"重叠距离"为"1"。

（6）修改进给率和速度

步骤 1：打开"进给率和速度"对话框。在"刀轨设置"组中，单击"进给率和速度" ，打开"进给率和速度"对话框。

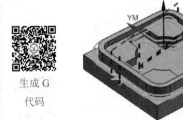

步骤 2：修改进给率和速度。设置"主轴速度"为"800"、"切削"为"400"。

（7）生成刀具轨迹

在"操作"组中，单击"生成" ，系统开始计算并生成刀具轨迹，如图 14-46 所示。单击"确定"，关闭"型腔铣"对话框。

最终的侧壁精加工参数如表 14-5 序号 7 ～ 11 所示。

图 14-46 侧壁精加工刀轨

任务 14.7 生成 G 代码

步骤 1：选择刀具轨迹。在"工序导航器 - 程序顺序"视图中，鼠标右键单击整体粗加工刀具轨迹"CAVITY_MILL"，再选择"后处理"，弹出"后处理"对话框，如图 14-47 所示。

步骤 2：选择后处理器。在"后处理"对话框中，从"后处理器"组中选择"MILL_3_AXIS"，如图 14-47 序号①所示。

步骤 3：设置存储路径和文件名。在"输出文件"组中，单击"浏览以查找输出文件" ，如图 14-47 序号②所示；在弹出的"指定 NC 输出"对话框（略）中，选择 D 盘作为文件保存的路径，在"文件名"框中输入"O1401"；单击"确定"，返回"后处理"对话框，在"文件名"框中的显示如图 14-47 序号③所示。

步骤 4：设置文件扩展名。在"文件扩展名"框中，输入"txt"，如图 14-47 序号④所示。

步骤 5：设置输出单位。在"设置"组中，设置"单位"为"公制/部件"，如图 14-47 序号⑤所示。

步骤 6：生成整体粗加工 G 代码。在"后处理"对话框中，单击"确定"，如图 14-47 序号⑥所示，弹出"后处理"警示框（略），提示"输出单位与后处理器单位不匹配"；单击"确定"忽略警告，系统开始计算并产生 NC 程序，同时弹出 G 代码文件，完成刀具轨迹的后处理。

步骤 7：生成残料粗加工 G 代码。按照上述的方法，选择"CAVITY_MILL_COPY"刀轨进行后处理，G 代码文件名为"O1402"。

步骤 8：生成底面和侧壁精加工 G 代码。按照上述的方法，选择"CAVITY_MILL_COPY_1"和"CAVITY_MILL_COPY_1_COPY"刀轨进行后处理，G 代码文件名为"O1403"。

> 💡 提示：因为刀轨"CAVITY_MILL_COPY_1"和"CAVITY_MILL_COPY_1_COPY"都属于精加工，而且使用相同的刀具，因此可以后处理为一个 G 代码文件。

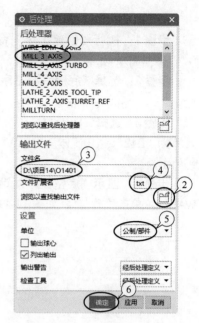

图 14-47　"后处理"对话框

步骤 9：保存文件。在快速访问工具条中，单击"保存" 📁 保存文件。

拓展提高

★平面零件加工之底壁铣

"底壁铣"适合平面零件的粗加工和精加工编程。本例使用"底壁铣"再次编写平面类零件从粗加工到精加工的程序，以掌握"底壁铣"的应用和参数设置。

（1）初始化加工环境

步骤 1：打开模型文件。打开未保存加工设置的零件模型文件"proj14 平面零件 .prt"，在"应用模块"选项卡"加工"组中单击"加工" 🔧，或者打开已保存加工设置的零件模型文件，删除所有的加工设置数据，系统将弹出"加工环境"对话框。

> 💡 提示：一个部件只能存在一种 CAM 会话配置。如果想重新编程，需要从部件中删除所有的加工设置数据、工序和组，步骤如下：在上边框条中，选择"菜单"项→"工具"→"工序导航器"→"删除组装"，弹出"组装删除确认"对话框，如图 14-48 所示。单击"确定"，删除已有加工设置，并弹出"加工环境"对话框。

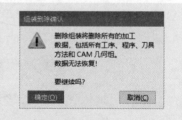

图 14-48　"组装删除确认"对话框

步骤 2：初始化加工环境。在"加工环境"对话框的"CAM 会话配置"组中，选择"cam_general"，在"要创建的 CAM 组装"组中，选择"mill_planar"，单击"确定"，系统开始进行加工环境初始化，之后显示加工界面。

（2）创建加工父组

参照前述步骤，创建几何体、刀具和方法，步骤略。

拓展：
编写整体
粗加工
程序

（3）启动"底壁铣"命令

步骤 1：执行"创建工序"命令。在"主页"选项卡的"插入"组中，单击"创建工序" ，如图 14-49 序号①所示，弹出"创建工序"对话框。

步骤 2：选择"底壁铣"工序类型。在对话框的"类型"和"工序子类型"组中，设置"类型"为"mill_planar"、"工序子类型"为"底壁铣" ，如图 14-49 序号②~③所示。

步骤 3：选择父组参数。在对话框的"位置"组中，设置"程序"为"PROGRAM"、"刀具"为"D12"、"几何体"为"WORKPIECE"、"方法"为"MILL_FINISH"，如图 14-49 序号④所示。

步骤 4：显示"底壁铣"对话框。在对话框的"名称"组中，保持默认名称"FLOOR_WALL"，单击"确定"，如图 14-49 序号⑤所示，弹出"底壁铣"对话框，如图 14-50 所示。

图 14-49 "创建工序"对话框

图 14-50 "底壁铣"对话框

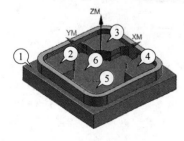

图 14-51 设置切削平面

（4）设置切削平面

步骤 1：确认几何体。在"底壁铣"对话框"几何体"组中，确认"几何体"为"WORKPIECE"，如图 14-50 序号①所示。

步骤 2：设置切削平面。在"几何体"组中，单击"指定切削区底面" ，如图 14-50 序号②所示，弹出"切削区域"对话框（略），在图形窗口中，选择模型的水平面，共 6

个，如图 14-51 序号①~⑥所示。单击"确定"，返回"底壁铣"对话框。

（5）设置刀轨参数

步骤 1：设置切削范围。 在"刀轨设置"组中，设置"切削区域空间范围"为"底面"，如图 14-50 序号③所示。

步骤 2：设置切削模式。 在"刀轨设置"组中，设置"切削模式"为"跟随部件"，如图 14-50 序号④所示。

步骤 3：设置步距。 在"刀轨设置"组中，设置"步距"为"恒定"、"最大距离"为"70% 刀具直径"，如图 14-50 序号⑤所示。

步骤 4：设置切削厚度。 在"刀轨设置"组中，设置"底面毛坯厚度"为"10"，如图 14-50 序号⑥所示。

步骤 5：设置每刀切削深度。 在"刀轨设置"组中，设置"每刀切削深度"为"0.4"，如图 14-50 序号⑦所示。

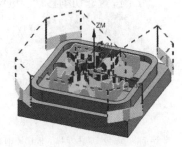

步骤 6：生成刀具轨迹。 在"操作"组中，单击"生成" ![icon]，系统开始计算并生成刀具轨迹，如图 14-52 所示。从图中可以看出，刀具轨迹与预期有较大的差距：在零件的外侧，只在 4 个角处有较少的刀轨，而直边处无刀轨，

图 14-52　整体粗加工刀轨（未优化）

因此外侧平面未被全部切削；在零件的内部，只在选定的平面区域有刀轨，而中间区域无刀轨，因此中间区域未被切削。另外，刀轨超出了毛坯高度，产生了多余的切削，所以需要对刀轨进行优化。

（6）设置切削参数

步骤 1：打开"切削参数"对话框。 在"底壁铣"对话框中，单击"切削参数" ![icon]，弹出"切削参数"对话框，如图 14-53 所示。

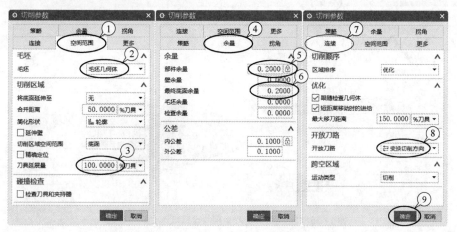

图 14-53　"切削参数"对话框与设置主要参数的步骤

步骤 2：设置空间范围。 在"空间范围"选项卡"毛坯"组中，设置"毛坯"为"毛坯几何体"，如图 14-53 序号①~②所示；在"切削区域"组中，"刀具延展量"为"100% 刀具直径"，如图 14-53 序号③所示。

💡 **提示：** "刀具延展量"用于指定刀具可超出面边缘的运动距离，其值必须在 0 ~ 100 之间。当使用小的刀具延展量时，会使空切时间最小化，但可能导致窄的切削区域不被切削。

步骤 3：设置部件余量。在"余量"选项卡中，确认"部件余量"为"0.2"，设置"最终底面余量"为"0.2"，如图 14-53 序号④～⑥所示。

> 💡 **提示**：如设置"最终底面余量"为"0"，则水平面将在此步骤加工至 0，在精加工时将没有余量。

步骤 4：设置开放区域刀轨模式。在"连接"选项卡中，设置"开放刀路"为"变换切削方向"，如图 14-53 序号⑦～⑧所示。单击"确定"，返回"底壁铣"对话框。

（7）设置非切削移动、进给率和速度

图 14-54　整体粗加工刀轨（优化切削和非切削参数）

步骤 1：设置非切削移动、进给率和速度。在"底壁铣"对话框中，单击"非切削移动" 📷、"进给率和速度" 🗘，按照表 14-6 序号 9～10 所示设置非切削移动、进给率和速度，详细步骤略。

步骤 2：生成刀具轨迹。在"操作"组中，单击"生成" ▶，系统开始计算并生成刀具轨迹，如图 14-54 所示。从图中可以看出，在零件 4 个角位置产生了多余刀具轨迹，所以还需要对刀轨进行进一步优化。

（8）设置修剪边界

步骤 1：打开"切削参数"对话框。在"底壁铣"对话框"几何体"组中，单击"指定修剪边界" 🔲，如图 14-50 序号⑧所示，弹出"修剪边界"对话框，如图 14-55 所示。

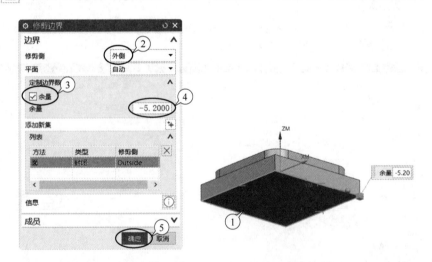

图 14-55　"修剪边界"对话框与设置修剪边界的步骤

步骤 2：选择修剪边界。在图形窗口中，选择零件底面，如图 14-55 序号①所示。

步骤 3：设置修剪范围。在对话框"边界"组中，设置"修剪侧"为"外侧"，选中"余量"复选框，设置"余量"为"-5.2"，如图 14-55 序号②～④所示。单击"确定"，返回"底壁铣"对话框。

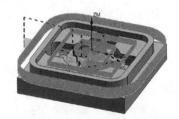

图 14-56　整体粗加工刀轨（设置修剪边界）

💡 提示：设置"余量"为"-5.2"，目的是使选定的修剪边界向外扩大 5.2mm，以保留外侧轮廓的刀具轨迹，而只修剪 4 个角位置的刀具轨迹。

（9）生成整体粗加工程序

生成粗加工刀具轨迹，如图 14-56 所示，再进行轨迹仿真。

最终的整体粗加工"底壁铣"加工参数如表 14-6 所示。

表 14-6　整体粗加工"底壁铣"加工参数

对话框	序号	参数组	参数值	
创建工序	1	类型	在"类型"组中，设置： 　"类型"为"mill_planar"	
	2	工序子类型	在"工序子类型"组中，设置： 　"工序子类型"为"底壁铣"🔲	
	3	位置	在"位置"组中，设置： 　"程序"为"PROGRAM"； 　"刀具"为"D12"； 　"几何体"为"WORKPIECE"； 　"方法"为"MILL_FINISH"	
	4	名称	在"名称"组中，保持默认： 　"名称"为"FLOOR_WALL"	
底壁铣	5	几何体	在"几何体"组中，自动继承"几何体"为"WORKPIECE"； 单击"指定切削区底面" 🟦，在图形窗口中选择 6 个水平面，如图 14-51 所示	
	6	工具	在"刀具"组中，自动继承： 　"刀具"为"D12"	
	7	刀轨设置	在"刀轨设置"组中，设置： 　"切削区域空间范围"为"底面"； 　"切削模式"为"跟随部件"； 　"步距"为"恒定"； 　"最大距离"为"70% 刀具直径"； 　"每刀切削深度"为"0.4"。 其他参数保持默认值	
	8	切削参数	"空间范围"选项卡	在"毛坯"组中，设置： 　"毛坯"为"毛坯几何体"。 在"切削区域"组中，设置： 　"刀具延展量" = "100% 刀具"
			"余量"选项卡	在"余量"组中，设置： 　"部件余量"为"0.2"； 　"最终底面余量"为"0.2"
			"连接"选项卡	在"开放刀路"组中，设置： 　"开放刀路"为"变换切削方向"
	9	非切削移动	"进刀"选项卡	在"封闭区域"组中，设置： 　"进刀类型"为"沿形状斜进刀"； 　"斜坡角度"为"3"； 　"高度"为"1"。 在"开放区域"组中，设置： 　"进刀类型"为"线性"； 　"高度"为"1"
			"转移 / 快速"选项卡	在"安全设置"组中，设置： 　"安全设置选项"为"使用继承的"。 在"区域之间"组中，设置： 　"转移类型"为"安全距离 - 刀轴"。 在"区域内"组中，设置： 　"转移方式"为"进刀 / 退刀"； 　"转移类型"为"前一平面"； 　"安全距离"为"1"

续表

对话框	序号	参数组	参数值
底壁铣	10	进给率和速度	在"主轴速度"组中，设置： ☑"主轴速度"为"2600"。 在"进给率"组中，设置： "切削"为"2400"。 其他参数保持默认值

拓展：
编写残料
粗加工
程序

（10）编写残料粗加工程序

步骤 1：复制刀具轨迹。复制并粘贴粗加工刀具轨迹"FLOOR_WALL"，保持默认名称为

"FLOOR_WALL_COPY"。

　　步骤 2：修改加工参数。双击复制后的刀具轨迹"FLOOR_WALL_COPY"，弹出"底壁铣"对话框，按表 14-7 所示修改加工参数。

　　步骤 3：生成刀具轨迹。生成残料粗加工刀具轨迹，如图 14-57 所示。

图 14-57　残料粗加工刀轨

表 14-7　残料粗加工"底壁铣"加工参数

对话框	序号	参数组	参数值	
底壁铣	1	工具	在"刀具"组中，设置： "刀具"为"D10R0.5"	
	2	刀轨设置	在"刀轨设置"组中，设置： "每刀切削深度"为"0.2"	
	3	切削参数	"空间范围"选项卡	在"毛坯"组中，设置： "毛坯"为"3D IPW"
			"余量"选项卡	在"余量"组中，设置： "部件余量"为"0.25"； "最终底面余量"为"0.2"
	4	进给率和速度	在"主轴速度"组中，设置： ☑"主轴速度"为"3000"。 在"进给率"组中，设置： "切削"为"1300"	

（11）编写底面精加工程序

　　步骤 1：复制刀具轨迹。复制并粘贴残料粗加工刀轨"FLOOR_WALL_COPY"，保持默认名称为"FLOOR_WALL_COPY_1"。

　　步骤 2：修改刀轨参数。双击复制后的刀轨"FLOOR_WALL_COPY_1"，弹出"底壁铣"对话框，按表 14-8 序号 1～4 所示修改加工参数。

　　步骤 3：生成刀具轨迹。生成底面精加工刀具轨迹，如图 14-58 所示。

拓展：
编写底
面精加
工程序

表 14-8　底面和侧壁精加工"底壁铣"加工参数

加工工序	序号	参数组	参数值
底面 精加工	1	工具	在"刀具"组中，设置： "刀具"为"E10"
	2	刀轨设置	在"刀轨设置"组中，设置： "方法"为"MILL_FINISH"； "每刀切削深度"为"0"

续表

加工工序	序号	参数组	参数值	
底面精加工	3	切削参数	"空间范围"选项卡	在"毛坯"组中，设置： "毛坯"为"厚度"； "底面毛坯厚度"为"0.2"。 在"切削区域"组中，设置： "刀具延展量"为70% 刀具半径
			"余量"选项卡	在"余量"组中，设置： "部件余量"为"0.5"； "最终底面余量"为"0"
	4	进给率和速度		在"主轴速度"组中，设置： ☑"主轴速度"为"1200"。 在"进给率"组中，设置： "切削"为"800"
侧壁精加工	5	刀轨设置		在"刀轨设置"组中，设置： "切削模式"为"轮廓"； "底面毛坯厚度"为"10"
	6	切削参数	"余量"选项卡	在"余量"组中，设置： "部件余量"为"0"； "最终底面余量"为"0"
	7	非切削移动	"进刀"选项卡	在"开放区域"组中，设置： "进刀类型"为"圆弧"； "半径"为"5mm"； "高度"为"1"
			"起点/钻点"选项卡	在"重叠距离"组中，设置： "重叠距离"为"1"
	8	进给率和速度		在"主轴速度"组中，设置： ☑"主轴速度"为"800"。 在"进给率"组中，设置： "切削"为"400"

拓展：
编写侧壁
精加工
程序

（12）编写侧壁精加工程序

步骤1：复制刀具轨迹。 复制并粘贴底面精加工刀轨"FLOOR_WALL_COPY_1"，并保持默认名称为"FLOOR_WALL_COPY_1_COPY"。

步骤2：修改加工参数。 双击复制后的刀轨"FLOOR_WALL_COPY_1_COPY"，弹出"底壁铣"对话框，按表14-8序号5～8所示修改加工参数。

步骤3：生成刀具轨迹。 生成侧壁精加工刀具轨迹，如图14-59所示。

图 14-58　底面精加工刀轨

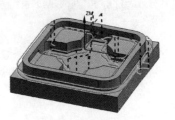

图 14-59　侧壁精加工刀轨

课后练习

编写附录图库附图 46 和附图 47 所示零件的加工程序。

学海导航

工业软件行业状况

★国产三维 CAD 软件发展现状与差距

在激烈的市场竞争中，国产三维 CAD 软件发展较为困难。首先是国内用户长期以来对国外软件的使用惯性，形成了国产替代的强大阻碍：企业的长期研发设计活动所积累的核心技术资料被国外软件牢牢绑定，国产替代将对日常经营带来影响，技术人员也习惯于国外软件的操作逻辑，对使用国产软件具有抵触心理；其次是面对种类繁多的设计与仿真需求，国产软件开发时需要积累大量行业 Know-How，要转化为软件功能，研发投入大，但国产软件企业盈利能力不足，所以产品研发投入不够。

在使用功能上，国产三维 CAD 软件与国外软件相比存在较大差距。国外高端三维 CAD 软件如 CATIA、NX 和 Creo 凭借其复杂场景建模质量高、精度高，能胜任大规模装配，软件运行稳定等优势，在航空航天等高精尖领域居垄断地位，而国产三维 CAD 软件在复杂曲面建模精度、大规模装配响应速度及软件运行稳定性等方面表现一般，即使与定位中端的 SolidWorks 相比，国产三维 CAD 软件的性能也存在一定差距。在集成化方面，国外先进的三维 CAD 软件都集成了专业的 CAE、CAM 模块，提供 CAD/CAE/CAM 集成化解决方案，同时与 PLM 集成，实现了产品的一站式设计、分析、加工与全流程管理。而国产三维 CAD 软件目前多未集成 CAE 功能，部分国产三维 CAD 软件虽集成了 CAM 模块，但其在 CAM 领域能实现的功能及专业性与国外先进软件差距明显。

在核心技术方面，国产三维 CAD 软件与国外软件相比存在较大差距。几何建模引擎、约束求解等核心技术是三维 CAD 软件的灵魂，决定了三维 CAD 软件的性能及其稳定性。国外工业软件巨头在计算机图形学、计算数学等领域有着深厚的积累，自主研发了 Parasolid、ACIS 等优秀的几何内核和 DCM 等约束求解器。经过几十年的更新迭代，这些核心组件的性能不断提升，现已具备十分优异的计算能力和极为稳定的性能表现。而国内三维 CAD 软件研发晚于发达国家几十年，尚未完全掌握核心技术，且多数国产三维 CAD 软件是基于国外的几何内核和约束求解器研发的，国内自主版权的几何内核和约束求解器寥寥无几，且性能及稳定性与国外先进的核心组件存在较大差距，目前均内嵌于某款软件中，尚不能作为独立核心组件为其他 CAD 系统所用。

项目 15

编写型芯零件加工程序

📑 **学习目标**

本项目通过编写型芯零件的加工程序（图 15-1）达到如下学习目的：
☆掌握深度轮廓铣工序的应用，理解常用参数的含义和设置方法。
☆掌握固定轮廓铣工序的应用，理解常用参数的含义和设置方法。
☆巩固型腔铣、底壁铣等工序的应用和参数的设置。
☆巩固几何体、刀具、方法和程序等加工父组参数的设置。
☆巩固切削模式、步距、公共每刀切削深度等刀轨参数的设置。
☆巩固切削参数、非切削移动、进给率和速度等通用参数的设置。

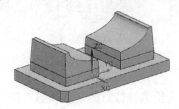

图 15-1　型芯零件（材料：C1100 紫铜）

📋 **项目分析**

本项目零件既有水平面又有竖直面，也有一定角度的平面和曲面，属于曲面型芯类零件。对于曲面类零件，不论是型芯还是型腔，通常先使用"型腔铣"进行整体粗加工和残料粗加工编程，再根据加工面特征，使用"底壁铣""深度轮廓铣""固定轮廓铣"分别对水平面、陡峭曲面和平坦曲面进行半精加工或精加工编程。根据零件特征，确定加工工艺如表 15-1 所示。

表 15-1　数控加工工艺表

工步号	工步内容	刀具号	刀具规格	主轴转速 / (r/min)	进给速度 / (mm/min)	背吃刀量 / mm	侧吃刀量 / mm
1	整体粗加工	T01	D12R0.5	7500	5000	0.5	70% 刀具直径
2	残料粗加工	T02	D12R0.5	4000	2000	0.2	70% 刀具直径
3	平面精加工	T04	E12	2400	600	0.2	50% 刀具直径
4	侧壁精加工	T04	E12	4000	1000	0.2	—
5	曲面精加工	T05	B8	8000	3500	0.2	0.2

🌱 **相关知识**

知识　编程命令

（1）深度轮廓铣

◎命令应用。"深度轮廓铣"工序是 mill_contour（轮廓铣）工序类型中的一个子类型，可对部件或切削区域的外形轮廓进行逐层的加工，故又称等高轮廓铣。"深度轮廓铣"非常适合陡峭区域的半精加工和精加工编程。

◎位于何处？在功能区，"主页"选项卡的"插入"组→"创建工序" ，在"创建工序"对话框中，"类型"→"mill_contour"、"工序子类型"→"深度轮廓铣" 。

深度轮廓铣是一种特殊的型腔铣，与型腔铣指定为"轮廓"切削模式类似，两者最大区别在于深度轮廓铣能够通过指定陡峭角度把切削区域分隔成陡峭区域与非陡峭区域，以实施不同的编程类型。

① 陡峭角度。"陡峭角度"是深度轮廓铣的一个关键参数，是指刀轴与零件表面法向间的夹角，如图 15-2（a）所示。陡峭区域是指零件上陡峭角度大于等于指定陡峭角度的区域。如图 15-2（b）和图 15-2（c）所示为指定陡峭角度分别为 65°、15°时生成的刀轨，而在小于陡峭角度相对平坦的部分将不生成刀轨。

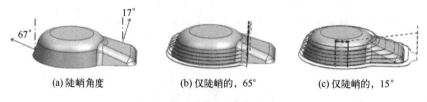

(a) 陡峭角度　　　　(b) 仅陡峭的，65°　　　　(c) 仅陡峭的，15°

图 15-2　陡峭空间范围示意图

② 层到层。"层到层"是深度轮廓铣特有的切削参数，用于决定刀具从一个切削层进入下一个切削层的移动方式，有"使用传递方法""直接对部件进刀""沿部件斜进刀""沿部件交叉斜进刀" 4 个选项，如图 15-3 所示。

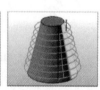

(a) 使用传递方法　(b) 直接对部件进刀　(c) 沿部件斜进刀　(d) 沿部件交叉斜进刀

图 15-3　"层到层"示意图

选择除"使用传递方法"外的任何选项，均可实现切削所有的层而无须抬刀到安全平面。如果加工的是开放区域，须将切削方向设置为"混合的"，且只有"直接对部件进刀"选项可用，而"沿部件斜进刀"和"沿部件交叉斜进刀"都不可用。

（2）固定轮廓铣

◎命令应用。"固定轮廓铣"工序是 mill_contour（轮廓铣）工序类型中的一个子类型，用于沿部件或切削区域轮廓去除材料以实现加工。"固定轮廓铣"通常用于一个或多个复杂曲面的半精加工或者精加工编程，也用于复杂形状曲面的粗加工编程。

◎位于何处？在功能区，"主页"选项卡的"插入"组→"创建工序" ，在"创建工序"对话框中，"类型"→"mill_contour"、"工序子类型"→"固定轮廓铣" 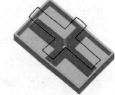。

固定轮廓铣有多种驱动方法，根据加工对象的不同，可选择相应的驱动方法以实现多种方式的精加工。

① 区域铣削。"区域铣削"驱动方法是通过选择曲面、片体或面来定义切削区域以创建刀具轨迹，如图 15-4（a）所示。

② 边界。"边界"驱动方法是通过指定的边界来定义切削区域，并按边界的形状产生类似于"跟随部件"的刀具轨迹，再沿着指定的投影矢量方向投影到部件表面，如图 15-4（b）所示。

(a)"区域铣削"驱动方法　　(b)"边界"驱动方法

图 15-4　固定轮廓铣驱动方法

> 💡 提示："区域铣削"驱动方法与"边界"驱动方法类似，但是"区域铣削"驱动方法不需要驱动几何体，而且使用一种稳固的自动免碰撞空间范围计算。因此，应尽可能使用"区域铣削"驱动方法代替"边界"驱动方法。

（3）区域轮廓铣

◎命令应用。固定轮廓铣的"区域铣削"驱动方法在曲面加工中应用非常广泛，因此该驱动方法已经独立为一个单独的工序子类型，即"区域轮廓铣" 。

◎位于何处？在功能区，"主页"选项卡的"插入"组→"创建工序" ，在"创建工序"对话框中，"类型"→"mill_contour"、"工序子类型"→"区域轮廓铣" 。

 **项目实施**

初始化加工环境和设置父组参数

任务 15.1　初始化加工环境

步骤 1：打开模型文件。 打开零件模型文件"型芯零件 .prt"。

步骤 2：启动加工模块。 在"应用模块"选项卡"加工"组中，单击"加工" ，弹出"加工环境"对话框。

步骤 3：初始化加工环境。 在"加工环境"对话框的"CAM 会话配置"组中，选择"mill_contour"，开始进行加工环境初始化，之后进入加工环境。

任务 15.2　设置父组参数

（1）创建几何体

① 设置加工坐标系和安全平面，步骤如下：

步骤 1：显示几何视图。 在上边框条的"工序导航器"组中，单击"几何视图" ，如图 15-5 序号①所示，显示"工序导航器 - 几何"视图。

步骤 2：打开"MCS 铣削"对话框。 在"工序导航器 - 几何"视图中，双击"MCS_

MILL"，如图 15-5 序号②所示，弹出"MCS 铣削"对话框。

步骤 3：设置加工坐标系。在对话框的"机床坐标系"组中，单击"指定 MCS"后的符号 ，弹出"坐标系"对话框，从列表中选择"绝对坐标系"，单击"确定"返回"MCS 铣削"对话框，如图 15-5 序号③～⑤所示。

💡 **提示**：检查并确认加工坐标系位于零件下表面的中心。

步骤 4：设置安全平面。在对话框的"安全设置"组中设置"安全设置选项"为"平面"，在图形窗口中选择零件模型的最高平面，设置"距离"为"20"，如图 15-5 序号⑥～⑧所示。

步骤 5：关闭"MCS 铣削"对话框。单击"确定"，如图 15-5 序号⑨所示，接受设置并关闭"MCS 铣削"对话框，完成加工坐标系与安全平面的设置。

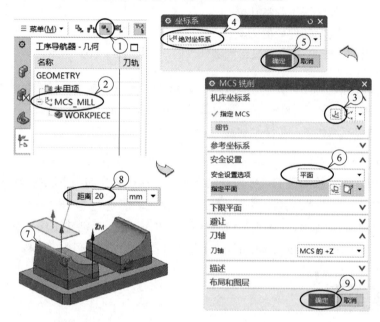

图 15-5 "MCS 铣削"对话框与设置加工坐标系的步骤

② 设置工件，步骤如下：

步骤 1：打开工件对话框。在"工序导航器 - 几何"视图中，双击"WORKPIECE"，如图 15-6 序号①所示，弹出"工件"对话框。

步骤 2：指定部件。在"工件"对话框中，单击"指定部件" ，弹出"部件几何体"对话框，在图形窗口中选择零件模型，单击"确定"，如图 15-6 序号②～④所示，完成部件的设置并返回"工件"对话框。

步骤 3：指定毛坯。在"工件"对话框中，单击"指定毛坯" ，如图 15-6 序号⑤所示，弹出"毛坯几何体"对话框，如图 15-7 所示；在对话框中，选择毛坯类型为"包容块"，除"ZM-"外其他方向增量为"2"，单击"确定"，如图 15-7 序号①～③所示，完成毛坯的设置并返回"工件"对话框。

步骤 4：关闭"工件"对话框。单击"确定"，完成工件的设置。

（2）创建刀具

使用"创建刀具"命令创建加工所用的刀具，如表 15-2 所示。

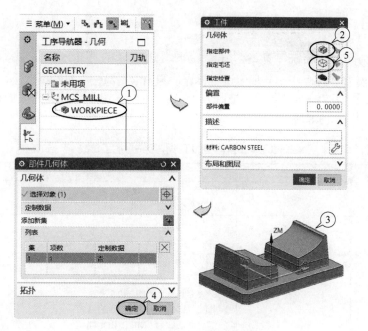

图 15-6 "工件"对话框与设置部件的步骤

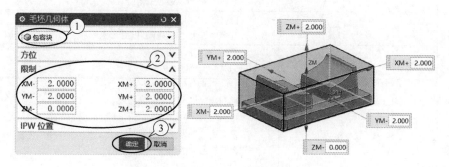

图 15-7 "毛坯几何体"对话框与设置毛坯的步骤

表 15-2 刀具参数表

序号	刀具描述	名称	直径	下半径	长度	刀刃长度	刀刃	编号组参数
1	直径为 12 的圆角刀	D12R0.5	12	0.5	75	30	2	1
2	直径为 12 的平底刀	E12	12	0	75	30	2	2
3	直径为 8 的球头刀	B8	8	4	60	16	2	3

（3）创建方法

在"工序导航器 - 加工方法"视图中，设置粗加工、精加工的余量和公差，如表 15-3 所示。

表 15-3 粗加工、精加工余量和公差参数表

序号	加工方法	部件余量	内公差	外公差
1	粗加工	0.2	0.1	0.1
2	精加工	0	0.01	0.01

编写整体
粗加工
程序

任务 15.3 编写整体粗加工程序

步骤 1：执行"型腔铣"命令。 在"主页"选项卡的"插入"组中，单击"创建工序" ，按照表 15-4 序号 1 ～ 4 所示进行设置，弹出"型腔铣"对话框。

步骤 2：设置型腔铣加工参数。 按照表 15-4 序号 5 ～ 10 所示设置"型腔铣"加工参数，生成刀具轨迹，如图 15-8 所示。

表 15-4　整体粗加工"型腔铣"加工参数

对话框	序号	参数组	参数值	
创建工序	1	类型	在"类型"组中，设置： "类型"为"mill_contour"	
	2	工序子类型	在"工序子类型"组中，设置： "工序子类型"为"型腔铣"	
	3	位置	在"位置"组中，设置： "程序"为"PROGRAM"； "刀具"为"D12R0.5"； "几何体"为"WORKPIECE"； "方法"为"MILL_ROUGH"	
	4	名称	在"名称"组中，保持默认： "名称"为"CAVITY_MILL"	
型腔铣	5	几何体	在"几何体"组中，自动继承： "几何体"为"WORKPIECE"	
	6	工具	在"刀具"组中，自动继承： "刀具"为"D12R0.5"	
	7	刀轨设置	在"刀轨设置"组中，设置： "切削模式"为"跟随部件"； "步距"为"恒定"； "最大距离"为"70% 刀具直径"； "公共每刀切削深度"为"恒定"； "最大距离"为"0.5"。 其他参数保持默认值	
	8	切削参数	"策略"选项卡	在"切削"组中，设置： "切削方向"为"顺铣"； "切削顺序"为"深度优先"
			"余量"选项卡	在"余量"组中，设置： ☑"使底面余量与侧面余量一致"； "部件侧面余量"为"0.2"
			"连接"选项卡	在"开放刀路"组中，设置： "开放刀路"为"变换切削方向"
	9	非切削移动	"进刀"选项卡	在"开放区域"组中，设置： "进刀类型"为"线性"； "高度"为"1"
			"转移/快速"选项卡	在"安全设置"组中，设置： "安全设置选项"为"使用继承的"。 在"区域之间"组中，设置： "转移类型"为"安全距离 - 刀轴"。 在"区域内"组中，设置： "转移方式"为"进刀 / 退刀"； "转移类型"为"直接"

续表

对话框	序号	参数组	参数值
型腔铣	10	进给率和速度	在"主轴速度"组中，设置： ☑ "主轴速度"为"7500"。 在"进给率"组中，设置： "切削"为"5000"。 其他参数保持默认值

任务 15.4　编写残料粗加工程序

编写残料
粗加工
程序

步骤 1：复制刀具轨迹。复制并粘贴整体粗加工刀具轨迹"CAVITY_MILL"，保持默认名称为"CAVITY_MILL_COPY"。

步骤 2：修改加工参数。双击复制后的刀轨"CAVITY_MILL_COPY"，弹出"型腔铣"对话框，按表 15-5 所示修改加工参数，生成刀具轨迹，如图 15-9 所示。

表 15-5　残料粗加工"型腔铣"加工参数

对话框	序号	参数组	参数值	
型腔铣	1	刀轨设置	在"刀轨设置"组中，设置： "公共每刀切削深度"为"恒定"； "最大距离"为"0.2"	
	2	切削参数	"空间范围"选项卡	在"毛坯"组中，设置： "过程工件"为"使用基于层的"

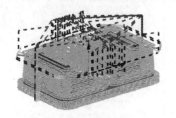

图 15-8　整体粗加工刀轨

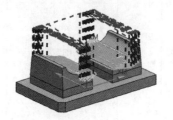

图 15-9　残料粗加工刀轨

编写平面
精加工
程序

任务 15.5　编写平面精加工程序

步骤 1：执行"底壁铣"命令。在"主页"选项卡的"插入"组中，单击"创建工序" ，按照表 15-6 序号 1 ～ 4 所示进行设置，进入"底壁铣"对话框。

步骤 2：设置底壁铣加工参数。按照表 15-6 序号 5 ～ 10 所示设置"底壁铣"加工参数，选择零件的 3 个水平面作为切削区底面（图 15-10），生成刀具轨迹，如图 15-11 所示。

表 15-6　平面精加工"底壁铣"加工参数

对话框	序号	参数组	参数值
创建工序	1	类型	在"类型"组中，设置： "类型"为"mill_planar"
	2	工序子类型	在"工序子类型"组中，设置： "工序子类型"为"底壁铣"

对话框	序号	参数组		参数值
创建工序	3	位置		在"位置"组中，设置： 　"程序"为"PROGRAM"； 　"刀具"为"E12"； 　"几何体"为"WORKPIECE"； 　"方法"为"MILL_FINISH"
	4	名称		在"名称"组中，保持默认： 　"名称"为"FLOOR_WALL"
底壁铣	5	几何体		在"几何体"组中，自动继承： 　"几何体"为"WORKPIECE"。 单击"指定切削区底面" 🔲 ，在图形窗口中选择零件的 3 个水平面，如图 15-10 所示
	6	工具		在"刀具"组中，自动继承： 　"刀具"为"E12"
	7	刀轨设置		在"刀轨设置"组中，设置： 　"切削区域空间范围"为"底面"； 　"切削模式"为"跟随周边"； 　"步距"为"恒定"； 　"最大距离"为"50% 刀具直径"； 　"底面毛坯厚度"为"0.2"； 　"每刀切削深度"为"0"； 　"Z 向深度偏置"为"0"。 其他参数保持默认值
	8	切削参数	"策略"选项卡	在"切削"组中，设置： 　"切削方向"为"顺铣"； 　"刀路方向"为"向内"。 在"精加工刀路"组中，设置： 　☑"添加精加工刀路"； 　"刀路数"为"1"； 　"精加工步距"为"5mm"
			"余量"选项卡	在"余量"组中，设置： 　"部件余量"为"0.5"； 　"最终底面余量"为"0"
	9	非切削移动	"进刀"选项卡	在"开放区域"组中，设置： 　"进刀类型"为"线性"； 　"高度"为"1"
	10	进给率和速度		在"主轴速度"组中，设置： 　☑"主轴速度"为"2400"。 在"进给率"组中，设置： 　"切削"为"600"。 其他参数保持默认值

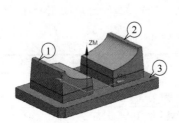

图 15-10　指定切削区底面

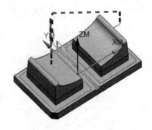

图 15-11　平面精加工刀轨

任务 15.6 编写侧壁精加工程序

编写侧壁
精加工
程序

（1）执行"深度轮廓铣"命令

步骤 1：执行"创建工序"命令。 在"主页"选项卡的"插入"组中，单击"创建工序" ，如图 15-12 序号①所示，弹出"创建工序"对话框。

步骤 2：选择深度轮廓铣工序类型。 在对话框的"类型"与"工序子类型"组中，设置"类型"为"mill_contour"、"工序子类型"为"深度轮廓铣" ，如图 15-12 序号②～③所示。

步骤 3：选择父组参数。 在对话框的"位置"组中，设置"程序"为"PROGRAM"、"刀具"为"E12"、"几何体"为"WORKPIECE"、"方法"为"MILL_FINISH"，如图 15-12 序号④所示。

步骤 4：显示"深度轮廓铣"对话框。 保持默认名称"ZLEVEL_PROFILE"，单击"确定"，如图 15-12 序号⑤所示，弹出"深度轮廓铣"对话框，如图 15-13 所示。

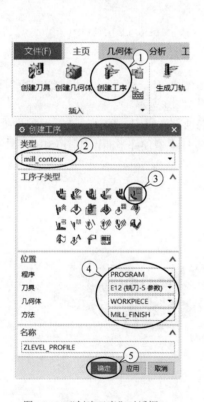

图 15-12 "创建工序"对话框

图 15-13 "深度轮廓铣"对话框

（2）设置切削区域

步骤 1：检查几何体。 由于在"创建工序"对话框中已经选择了几何体，所以在"深度轮廓铣"对话框的"几何体"组中显示"几何体"为"WORKPIECE"，如图 15-13 序号①所示。

步骤 2：设置切削区域。 在"深度轮廓铣"对话框的"几何体"组，单击"指定切削区域" ，如图 15-13 序号②所示；在图形窗口中，选择模型侧壁，共 21 个面，如图 15-14 序号①～⑤所示。

（3）设置刀轨参数

步骤 1：设置切削范围。 在"刀轨设置"组中，设置"陡峭空间范围"为"无"，如图 15-13 序号③所示。

步骤 2：设置公共每刀切削深度。 在"刀轨设置"组中，设置"公共每刀切削深度"为"恒定"、"最大距离"为"5"，如图 15-13 序号④所示。

步骤 3：生成刀具轨迹。 在"操作"组，单击"生成" ，系统开始计算并生成刀具轨迹，如图 15-15 所示。

从图中可以看出，刀具轨迹在斜面区域比较稀疏，达不到加工效果，所以需要减少公共每刀切削深度。

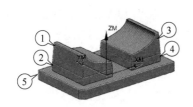

图 15-14　指定切削区域

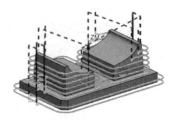

图 15-15　侧壁精加工刀具轨迹（未优化）

（4）设置切削层

步骤 1：打开"切削层"对话框。 在"深度轮廓铣"对话框中，单击"切削层" ，如图 15-13 序号⑤所示，弹出"切削层"对话框，如图 15-16 所示。

步骤 2：指定范围顶部。 在对话框的"范围 1 的顶部"组中，确认"选择对象"处于激活状态，如图 15-16 序号①所示；在图形窗口中，选择零件模型顶部平面，如图 15-16 序号②所示。

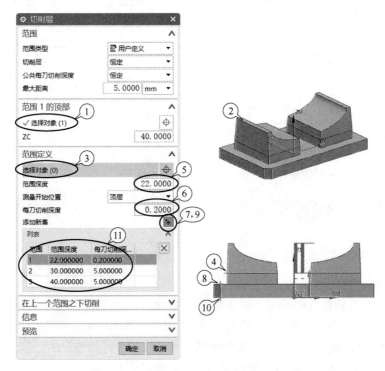

图 15-16　"切削层"对话框与设置切削层步骤

步骤 3：指定范围 1。在对话框的"范围定义"组中，确认"选择对象"处于激活状态，如图 15-16 序号③所示；在图形窗口中，选择侧壁斜面与垂直面相交线上的一个棱点，如图 15-16 序号④所示；在对话框的"范围定义"组中，显示"范围深度"为"22"，设置"每刀切削深度"为"0.2"，如图 15-16 序号⑤～⑥所示。

步骤 4：指定范围 2。在对话框中，单击"添加新集" ，如图 15-16 序号⑦所示；在图形窗口中，选择底板上表面的一个棱点，如图 15-16 序号⑧所示；在对话框的"范围定义"组中，显示"范围深度"为"30"，设置"每刀切削深度"为"5"，步骤略。

步骤 5：指定范围 3。在对话框中，单击"添加新集" ，如图 15-16 序号⑨所示；在图形窗口中，选择底板下表面的一个棱点，如图 15-16 序号⑩所示；在对话框的"范围定义"组中，显示"范围深度"为"40"，设置"每刀切削深度"为"5"，步骤略。

步骤 6：关闭"切削层"对话框。经上述操作，将整个切削区域划分为 3 个切削范围，每个切削范围的"范围深度"和"每刀切削深度"如图 15-16 序号 ⑪ 所示。单击"确定"，返回"深度轮廓铣"对话框。

步骤 7：生成刀具轨迹。在"深度轮廓铣"对话框的"操作"组中，单击"生成" ，系统开始计算并生成刀具轨迹，如图 15-17 所示。从图中可以看出，刀具轨迹中有很多红色的线，这是快速移动的路线，即跳刀很多，所以需要对刀轨进行优化。

图 15-17　侧壁精加工刀轨（未优化）

（5）设置层到层参数

步骤 1：打开"切削参数"对话框。在"深度轮廓铣"对话框，单击"切削参数" ，弹出"切削参数"对话框，如图 15-18 所示。

步骤 2：设置切削方向和切削顺序。在"策略"选项卡，设置"切削方向"="混合"、"切削顺序"="始终深度优先"，如图 15-18 序号①～②所示。

步骤 3：设置层之间进刀方式。在"连接"选项卡，设置"层到层"="直接对部件进刀"，如图 15-18 序号③～④所示。

步骤 4：关闭"切削参数"对话框。其他参数保持默认，单击"确定"返回"深度轮廓铣"对话框。

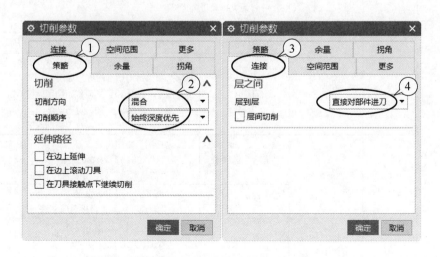

图 15-18　"切削参数"对话框与设置层到层参数步骤

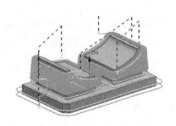

图 15-19   侧壁精加工刀轨（优化层间转移方式）

步骤 5：生成刀具轨迹。在"深度轮廓铣"对话框的"操作"组，单击"生成" ，系统开始计算并生成刀具轨迹，如图 15-19 所示。对比图 15-17 可以看出，快速移动的刀轨大幅减少，原因是调整了层之间的转移方式。

（6）设置非切削移动、进给率和速度

在"深度轮廓铣"对话框中，单击"非切削移动" 、"进给率和速度" ，按照表 15-7 所示设置非切削移动、进给率和速度，再次生成刀具轨迹。

表 15-7   侧壁精加工"深度轮廓铣"加工参数

对话框	序号	参数组	参数值
创建工序	1	类型	在"类型"组中，设置："类型"为"mill_contour"
	2	工序子类型	在"工序子类型"组中，设置："工序子类型"为"ZLEVEL_PROFILE"
	3	位置	在"位置"组中，设置："程序"为"PROGRAM"；"刀具"为"E12"；"几何体"为"WORKPIECE"；"方法"为"MILL_FINISH"
	4	名称	在"名称"组中，保持默认名称："名称"为"ZLEVEL_PROFILE"
深度轮廓铣	5	几何体	在"几何体"组中，自动继承："几何体"为"WORKPIECE"。单击"指定切削区域" ，选择零件侧壁，共 21 个面，如图 15-14 所示
	6	工具	在"刀具"组中，自动继承："刀具"为"E12"
	7	刀轨设置	在"刀轨设置"组中，设置："陡峭空间范围"为"无"；"每刀的公共深度"为"恒定"；"最大距离"为"5"。其他参数保持默认值
	8	切削层	范围 1 的顶部：选择零件模型顶部平面，如图 15-16 序号②所示
			范围定义：选择零件模型上 3 个棱点定义 3 个切削范围，"范围深度"和"每刀切削深度"如下：范围 1，范围深度 22，每刀切削深度 0.2；范围 2，范围深度 30，每刀切削深度 5；范围 3，范围深度 40，每刀切削深度 5
	9	切削参数	"策略"选项卡：在"切削"组中，设置："切削方向"为"混合"；"切削顺序"为"始终深度优先"
			"连接"选项卡：在"层之间"组中，设置："层到层"为"直接对部件进刀"
	10	非切削移动	"进刀"选项卡：在"开放区域"组中，设置："进刀类型"为"圆弧"；"半径"为"5mm"；"安全高度"为"1"

续表

对话框	序号	参数组	参数值
深度轮廓铣	11	进给率和速度	在"主轴速度"组中，设置： ☑"主轴速度"为"4000"。 在"进给率"组中，设置： "切削"为"1000"。 其他参数保持默认值

任务 15.7　编写曲面精加工程序

（1）执行"固定轮廓铣"命令

步骤 1：执行"创建工序"命令。 在"主页"选项卡的"插入"组中，单击"创建工序"，如图 15-20 序号①所示，弹出"创建工序"对话框。

步骤 2：选择固定轮廓铣工序类型。 在对话框的"类型"与"工序子类型"组中，设置"类型"为"mill_contour"、"工序子类型"为"固定轮廓铣" ，如图 15-20 序号②～③所示。

步骤 3：选择父组参数。 在对话框的"位置"组中，设置"程序"为"PROGRAM"、"刀具"为"B8"、"几何体"为"WORKPIECE"、"方法"为"MILL_FINISH"，如图 15-20 序号④所示。

步骤 4：显示固定轮廓铣对话框。 保持默认名称"FIXED_CONTOUR"，单击"确定"，如图 15-20 序号⑤所示，弹出"固定轮廓铣"对话框，如图 15-21 所示。

编写曲面精加工程序

图 15-20　"创建工序"对话框

图 15-21　"固定轮廓铣"对话框

（2）设置切削区域

步骤 1：检查几何体。 由于在"创建工序"对话框中已经选择几何体，所以在"固定轮廓铣"对话框的"几何体"组中显示"几何体"为"WORKPIECE"，如图 15-21 序号①所示。

步骤 2：设置切削区域。 在"固定轮廓铣"对话框的"几何体"组中，单击"指定切削区域" ![icon]，如图 15-21 序号②所示；在图形窗口中，选择模型顶部 2 个曲面，如图 15-22 序号①～②所示。

（3）设置刀轨参数

步骤 1：选择驱动方法。 在"固定轮廓铣"对话框的"驱动方法"组中，设置"方法"为"区域铣削"，如图 15-21 序号③所示，在弹出的"驱动方法"提示框（略）中单击"确定"，弹出"区域铣削驱动方法"对话框，如图 15-23 所示。

> 💡 提示：如果已退出"区域铣削驱动方法"对话框，打算再次打开该对话框，可在"固定轮廓铣"对话框的"驱动方法"组中单击"编辑" ![icon]，如图 15-21 序号④所示。

步骤 2：设置切削范围。 在"陡峭空间范围"组中，设置"方法"为"无"，如图 15-23 序号①所示。

步骤 3：设置切削参数。 在"驱动设置"组中，设置"非陡峭切削模式"为"往复"、"切削方向"为"顺铣"、"步距"为"恒定"、"最大距离"为"0.2"、"步距已应用"为"在部件上"、"切削角"为"指定"、"与 XC 的夹角"为"0"，如图 15-23 序号②所示。

步骤 4：完成驱动设置。 单击"确定"，如图 15-23 序号③所示，返回"固定轮廓铣"对话框。

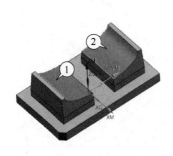

图 15-22　指定切削区域

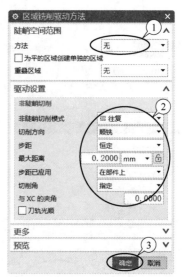

图 15-23　"区域铣削驱动方法"对话框

（4）设置切削参数、非切削移动、进给率和速度

在"固定轮廓铣"对话框中，单击"切削参数" ![icon]、"非切削移动" ![icon]、"进给率和速度" ![icon]，按表 15-8 所示设置切削参数、非切削移动、进给率和速度，生成刀具轨迹，如图 15-24 所示。

表 15-8　曲面精加工 "固定轮廓铣" 加工参数

对话框	序号	参数组	参数值	
创建工序	1	类型	在 "类型" 组中，设置： "类型" 为 "mill_contour"	
	2	工序子类型	在 "工序子类型" 组中，设置： "工序子类型" 为 "固定轮廓铣"	
	3	位置	在 "位置" 组中，设置： "程序" 为 "PROGRAM"； "刀具" 为 "B8"； "几何体" 为 "WORKPIECE"； "方法" 为 "MILL_FINISH"	
	4	名称	在 "名称" 组中，设置： "名称" 为 "FIXED_CONTOUR"，即默认名称	
固定轮廓铣	5	几何体	在 "几何体" 组中，自动继承： "几何体" 为 "WORKPIECE"。 单击 "指定切削区域" ，在图形窗口中选择顶部曲面	
	6	驱动方法	在 "驱动方法" 组中，设置： "方法" 为 "区域铣削"。 单击 "编辑" ，弹出 "区域铣削驱动方法" 对话框	
			"区域铣削驱动方法" 对话框	在 "陡峭空间范围" 组中，设置： "方法" 为 "无"。 在 "驱动设置" 组中，设置： "非陡峭切削模式" 为 "往复"； "切削方向" 为 "顺铣"； "步距" 为 "恒定"； "最大距离" 为 "0.2"； "步距已应用" 为 "在部件上"； "切削角" 为 "指定"； "与 XC 的夹角" 为 "0"
	7	工具	在 "刀具" 组中，自动继承： "刀具" 为 "B8"	
	8	切削参数	"策略" 选项卡	在 "延伸路径" 组中，设置： ☑ "在边上延伸"； "距离" 为 "1mm"
	9	非切削移动	"进刀" 选项卡	在 "开放区域" 组中，保持默认： "进刀类型" 为 "圆弧 - 平行于刀轴"
	10	进给率和速度	在 "主轴速度" 组中，设置： ☑ "主轴速度" 为 "8000"。 在 "进给率" 组中，设置： "切削" 为 "3500"。 其他参数保持默认值	

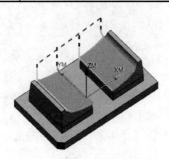

图 15-24　曲面精加工刀轨

生成 G
代码

任务 15.8　生成 G 代码

步骤 1：生成 G 代码。选择整体粗加工和残料粗加工刀具轨迹"CAVITY_MILL"和"CAVITY_MILL_COPY"生成 G 代码"O1501"，选择平面精加工和侧壁精加工刀具轨迹"FLOOR_WALL"和"ZLEVEL_PROFILE"生成 G 代码"O1502"，选择曲面精加工刀具轨迹"FIXED_CONTOUR"生成 G 代码"O1503"。

步骤 2：保存文件。在快速访问工具条中，单击"保存" 保存文件。

 拓展提高

★高速铣削之自适应铣

◎命令应用。"自适应铣"工序是 mill_contour（轮廓铣）工序类型中的一个子类型，可在垂直于固定轴的平面上进行分层加工，同时能够维持进刀的一致性，有效避免使用完整刀具直径进行切削。"自适应铣"可替代"型腔铣"用于零件的粗加工编程。与传统切削方法相比（例如型腔铣中的跟随部件或跟随周边切削模式），其切削刀具切削较浅，并能以较高速度移动。"自适应铣"是高速铣削硬材料的绝佳选择，既能够提高生产效率，又能够延长刀具寿命。

◎位于何处？在功能区，"主页"选项卡的"插入"组→"创建工序" ，在"创建工序"对话框中，"类型"→"mill_contour"、"工序子类型"→"自适应铣" 。

 课后练习

编写附录图库附图 50 和附图 51 所示零件的加工程序。

 学海导航

工业软件行业状况

★什么是"信创"？为什么搞"信创"？

"信创"全称是"信息技术应用创新"。2016 年 3 月 4 日，24 家专业从事软硬件关键技术研究及应用的国内单位，共同发起成立了一个非营利性社会组织，并将其命名为"信息技术应用创新工作委员会"。这个委员会简称"信创工委会"，这就是"信创"这个词的最早由来。

"信创"是一个大概念，主要涵盖基础硬件（CPU、服务器等）、基础软件（数据库、操作系统、中间件）、应用软件（OA、ERP、流版签软件等）、信息安全（终端安全产品等）四个模块，配合云计算与系统集成。

搞"信创"，核心旨在实现信息技术自主可控，规避外部技术制裁和风险，其核心就是要实现"自主可控"，即建立自主可控的信息技术底层架构和标准，推动全产业链的国产化替代。过去的很多年，由于历史的原因，我国在信息技术领域长期处于模仿和引进的地位。国际 IT 巨头占据了大量的市场份额，也垄断了国内的信息基础设施。它们制定了国内 IT 底层技术标准，并控制了整个信息产业生态。随着中国的不断崛起，某些国家主动挑起贸易和科技领域的摩擦，试图打压中国的和平发展，作为国民经济底层支持的信息技术领域，自然而然地成为他们的重点打击对象。面对日益增加的安全风险，必须尽快实现自主可控。

编写型腔零件加工程序

📖 学习目标

本项目通过编写型腔零件的加工程序（图 16-1）达到如下学习目的：

☆掌握清根铣工序的应用，理解常用参数的含义和设置方法。

☆巩固型腔铣、底壁铣、深度轮廓铣、区域轮廓铣等工序的应用和参数的设置。

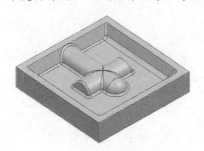

图 16-1　型腔零件（材料：45 钢）

📄 项目分析

本项目零件属于曲面型腔零件，编程的思路与型芯零件基本一致，区别在于：最后要使用小刀对型腔凹角进行清根加工。根据零件特征，确定加工工艺如表 16-1 所示。

表 16-1　数控加工工艺表

工步号	工步内容	刀具号	刀具规格	主轴转速 /（ r/min ）	进给速度 /（ mm/min ）	背吃刀量 /mm	侧吃刀量 /mm
1	整体粗加工	T01	D16R0.8	2800	1500	0.3	70% 刀具直径
2	残料粗加工	T02	D8R0.5	3500	1200	0.1	70% 刀具直径
3	非陡峭面精加工	T03	B6	2600	1200	0.2	0.2
4	陡峭面精加工	T03	B6	2600	1200	0.2	0.2
5	凹角清根加工	T04	B3	3000	550	0.2	0.1

相关知识

知识 编程命令

清根铣

◎命令应用。"清根铣"工序是 mill_contour（轮廓铣）工序类型中的子类型，可沿着加工

部件表面形成的拐角和凹部产生刀具轨迹，如图 16-2 所示。"清根铣"用于移除之前较大的球头铣刀或圆鼻刀遗留下来的未切削的材料，或精加工拐角中的多余材料，常用于模型底部和侧面凹角的加工。

图 16-2 "清根铣"命令应用示例

"清根铣"原是"固定轮廓铣"工序中的一种驱动方法，在 NX 1847 中已成为独立的工序子类型，包括"单刀路清根""多刀路清根""参考刀具清根"三种类型。

◎位于何处？在功能区，"主页"选项卡的"插入"组→"创建工序" 📝，在"创建工序"对话框中，"类型"→"mill_contour"、"工序子类型"→"单刀路清根" 📝、"多刀路清根" 📝、"参考刀具清根" 📝。

 项目实施

初始化加
工环境和
设置父组
参数

任务 16.1 初始化加工环境

（1）建立装配文件

步骤 1：新建文件夹。 新建一个文件夹，名称为"型腔零件_nc"，将"型腔零件.prt"复制到此文件夹中。

步骤 2：新建文件。 新建一个文件，名称为"型腔零件_nc.prt"，并保存到上述文件夹中。

步骤 3：装配文件。 将"型腔零件.prt"作为组件装配到"型腔零件_nc.prt"中，并确认绝对坐标系位于型腔零件的顶面中心。

（2）初始化加工环境

步骤 1：启动加工模块。 在"应用模块"选项卡的"加工"组中，单击"加工" 📝，弹出"加工环境"对话框。

步骤 2：初始化加工环境。 在"加工环境"对话框的"CAM 会话配置"组，选择"mill_contour"，开始进行加工环境初始化，进入加工环境。

💡**提示：** 建立装配文件的目的是拟采用"非主模型"的方式进行编程，当主模型文件（型腔零件.prt）发生变化时，编程文件（型腔零件_nc.prt）也随之更改。当然，也可以像项目14 和项目 15 一样，直接打开文件"型腔零件.prt"进入加工环境进行编程。

任务 16.2 设置父组参数

（1）建立几何体

步骤 1：设置加工坐标系和安全平面。 在"工序导航器 - 几何"视图中，双击"MCS_

MILL"，弹出"MCS 铣削"对话框。设置加工坐标系位于绝对坐标系位置，设置安全平面距零件上表面"20mm"。

步骤 2：创建工件。 在"工序导航器 - 几何"视图中，双击"WORKPIECE"，弹出"工件"对话框。选择型腔零件为部件，选择"包容块"方式定义毛坯，设置"限制"为"0"。

步骤 3：创建铣削区域。 在"主页"选项卡的"插入"组中，单击"创建几何体" ，弹出"创建几何体"对话框。按图 16-3 序号①～⑤所示设置，弹出"铣削区域"对话框。

在"铣削区域"对话框中单击"指定切削区域" ，弹出"切削区域"对话框（略），在图形窗口中选择型腔内部的所有面，单击"确定"，如图 16-3 序号⑥～⑧所示，创建铣削区域。

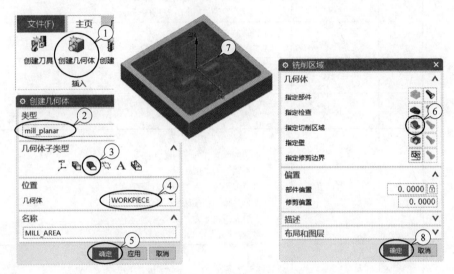

图 16-3 "创建几何体"对话框与创建铣削区域的步骤

（2）创建刀具

创建加工所用的刀具，如表 16-2 所示。

表 16-2 刀具参数表

序号	刀具描述	名称	直径	下半径	长度	刀刃长度	刀刃	编号组参数
1	直径为 16 的圆角刀	D16R0.8	16	0.8	90	25	2	1
2	直径为 8 的圆角刀	D8R0.5	8	0.5	60	20	2	2
3	直径为 6 的球刀	B6	6	3	50	12	2	3
4	直径为 3 的球刀	B3	3	1.5	50	6	2	4

（3）创建方法

设置粗加工、精加工的余量和公差，参数如表 15-3 所示。

任务 16.3 编写整体粗加工程序

步骤 1：执行"型腔铣"命令。 在"主页"选项卡的"插入"组中，单击"创建工序" ，按照表 16-3 序号 1～4 所示进行设置，弹出"型腔铣"对话框。

步骤 2：设置型腔铣加工参数。 按照表 16-3 序号 5～10 所示设置"型腔铣"加工参数，生成刀具轨迹，如图 16-4 所示。

编写整体
粗加工
程序

表16-3　整体粗加工"型腔铣"加工参数

对话框	序号	参数组	参数值
创建工序	1	类型	在"类型"组中，设置： "类型"为"mill_contour"
	2	工序子类型	在"工序子类型"组中，设置： "工序子类型"为"型腔铣"
	3	位置	在"位置"组中，设置： "程序"为"PROGRAM"； "刀具"为"D16R0.8"； "几何体"为"WORKPIECE"； "方法"为"MILL_ROUGH"
	4	名称	在"名称"组中，保持默认： "名称"为"CAVITY_MILL"
型腔铣	5	几何体	在"几何体"组中，自动继承： "几何体"为"WORKPIECE"
	6	工具	在"刀具"组中，自动继承： "刀具"为"D16R0.8"
	7	刀轨设置	在"刀轨设置"组中，设置： "切削模式"为"跟随部件"； "步距"为"恒定"； "最大距离"为"70%刀具直径"； "公共每刀切削深度"为"恒定"； "最大距离"为"0.3"。 其他参数保持默认值
	8	切削参数	"策略"选项卡：在"切削"组中，设置： "切削方向"为"顺铣"； "切削顺序"为"深度优先" "余量"选项卡：在"余量"组中，设置： ☑"使底面余量与侧面余量一致"； "部件侧面余量"为"0.2" "连接"选项卡：在"开放刀路"组中，设置： "开放刀路"为"变换切削方向"
	9	非切削移动	"进刀"选项卡：在"封闭区域"组中，设置： "进刀类型"为"沿形状斜进刀"； "斜坡角度"为"3"； "高度"为"1" "转移/快速"选项卡：在"安全设置"组中，设置： "安全设置选项"为"使用继承的"。 在"区域之间"组中，设置： "转移类型"为"安全距离-刀轴"。 在"区域内"组中，设置： "转移方式"为"进刀/退刀"； "转移类型"为"直接"
	10	进给率和速度	在"主轴速度"组中，设置： ☑"主轴速度"为"2800"。 在"进给率"组中，设置： "切削"为"1500"。 其他参数保持默认值

任务 16.4　编写残料粗加工程序

编写残料粗加工程序

步骤 1：复制刀具轨迹。 复制并粘贴整体粗加工刀具轨迹"CAVITY_MILL"，保持默认名称为"CAVITY_MILL_COPY"。

步骤 2：修改加工参数。 双击复制后的刀轨"CAVITY_MILL_COPY"，弹出"型腔铣"对话框，按表 16-4 所示修改加工参数，生成刀具轨迹，如图 16-5 所示。

表 16-4　残料粗加工"型腔铣"加工参数

对话框	序号	参数组	参数值	
型腔铣	1	工具	在"工具"组中，设置： "刀具"为"D8R0.5"	
	2	刀轨设置	在"刀轨设置"组中，设置： "公共每刀切削深度"为"恒定"； "最大距离"为"0.1"	
	3	切削参数	"空间范围"选项卡	在"参考刀具"组中，设置： "参考刀具"为"D8R0.5"
			"余量"选项卡	在"余量"组中，设置： ☑"使底面余量与侧面余量一致"； "部件侧面余量"为"0.25"
	4	非切削移动	"进刀"选项卡	在"封闭区域"组中，设置： "进刀类型"为"与开放区域相同"。 在"开放区域"组中，设置： "进刀类型"为"圆弧"； "半径"为"5"； "高度"为"0"
			"转移/快速"选项卡	在"区域内"组中，设置： "转移方式"为"进刀/退刀"； "转移类型"为"直接"
	5	进给率和速度	在"主轴速度"组中，设置： ☑"主轴速度"为"3500"。 在"进给率"组中，设置： "切削"为"1200"。 其他参数保持默认值	

💡**提示：** 在"非切削移动"对话框中，设置进刀"高度"为"0"、区域内的"转移类型"为"直接"，可有效减少区域内进退刀高度和次数。

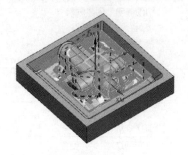

图 16-4　整体粗加工刀具轨迹

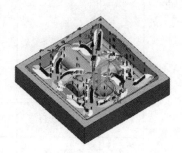

图 16-5　残料粗加工刀具轨迹

编写非陡
峭区域精
加工程序

任务 16.5　编写非陡峭区域精加工程序

步骤 1：执行"区域轮廓铣"命令。 在"主页"选项卡的"插入"组中，单击"创建工序"，按照表 16-5 序号 1 ～ 4 所示进行设置，弹出"区域轮廓铣"对话框。

> 提示："区域轮廓铣"与在"固定轮廓铣"中选择"区域铣削"驱动方法是一致的。

步骤 2：设置区域轮廓铣加工参数。 按照表 16-5 序号 5 ～ 10 所示设置"区域轮廓铣"加工参数，生成刀具轨迹，如图 16-6 所示。

表 16-5　非陡峭区域精加工"区域轮廓铣"加工参数

对话框	序号	参数组	参数值
创建工序	1	类型	在"类型"组中，设置： 　　"类型"为"mill_contour"
	2	工序子类型	在"工序子类型"组中，设置： 　　"工序子类型"为"区域轮廓铣"
	3	位置	在"位置"组中，设置： 　　"程序"为"PROGRAM"； 　　"刀具"为"B6"； 　　"几何体"为"MILL_AREA"； 　　"方法"为"MILL_FINISH"
	4	名称	在"名称"组中，保持默认： 　　"名称"为"CONTOUR_AREA"
固定轮廓铣	5	几何体	在"几何体"组中，自动继承： 　　"几何体"为"MILL_AREA"
	6	驱动方法	在"驱动方法"组中，设置： 　　"方法"为"区域铣削"； 　　单击"编辑"，弹出"区域铣削驱动方法"对话框
			"区域铣削驱动方法"对话框：在"陡峭空间范围"组中，设置： 　　"方法"为"非陡峭"； 　　"陡峭壁角度"为"45"。 在"驱动设置"组中，设置： 　　"非陡峭切削模式"为"跟随周边"； 　　"切削方向"为"顺铣"； 　　"步距"为"恒定"； 　　"最大距离"为"0.2"； 　　"步距已应用"为"在平面上"
	7	工具	在"刀具"组中，自动继承： 　　"刀具"为"B6"
	8	切削参数	"余量"选项卡：在"余量"组中，设置： 　　"部件余量"为"0"
	9	非切削移动	"进刀"选项卡：在"开放区域"组中，设置： 　　"进刀类型"为"圆弧 - 平行于刀轴"

对话框	序号	参数组	参数值
固定轮廓铣	10	进给率和速度	在"主轴速度"组中，设置： ☑ "主轴速度"为"2600"。 在"进给率"组中，设置： "切削"为"1200"。 其他参数保持默认值

任务 16.6　编写陡峭区域精加工程序

编写陡峭区域精加工程序

步骤1：执行"深度轮廓铣"命令。在"主页"选项卡的"插入"组中，单击"创建工序" ，按照表16-6序号1～4所示进行设置，弹出"深度轮廓铣"对话框。

步骤2：设置深度轮廓铣加工参数。按照表16-6序号5～10所示设置"深度轮廓铣"加工参数，生成刀具轨迹，如图16-7所示。

表16-6　陡峭区域精加工"深度轮廓铣"加工参数

对话框	序号	参数组	参数值	
创建工序	1	类型	在"类型"组中，设置： "类型"为"mill_contour"	
	2	工序子类型	在"工序子类型"组中，设置： "工序子类型"为"ZLEVEL_PROFILE"	
	3	位置	在"位置"组中，设置： "程序"为"PROGRAM"； "刀具"为"B6"； "几何体"为"MILL_AREA"； "方法"为"MILL_FINISH"	
	4	名称	在"名称"组中，保持默认： "名称"为"ZLEVEL_PROFILE"	
深度轮廓铣	5	几何体	在"几何体"组中，自动继承： "几何体"为"MILL_AREA"	
	6	工具	在"刀具"组中，自动继承： "刀具"为"B6"	
	7	刀轨设置	在"刀轨设置"组中，设置： "陡峭空间范围"为"仅陡峭的"； "角度"为"45"； "公共每刀切削深度"为"恒定"； "最大距离"为"0.1"。 其他参数保持默认值	
	8	切削参数	"策略"选项卡	在"切削"组中，设置： "切削方向"为"混合"； "切削顺序"为"始终深度优先"
			"余量"选项卡	在"余量"组中，设置： ☑ "使底面余量与侧面余量一致"； "部件侧面余量"为"0"
			"连接"选项卡	在"层之间"组中，设置： "层到层"为"直接对部件进刀"

续表

对话框	序号	参数组	参数值
深度轮廓铣	9	非切削移动	"进刀"选项卡	在"封闭区域"组中，设置： "进刀类型"为"与开放区域相同"。 在"开放区域"组中，设置： "进刀类型"为"圆弧"； "半径"为"5mm"； "高度"为"1"
	10	进给率和速度	在"主轴速度"组中，设置： ☑"主轴速度"为"2600"。 在"进给率"组中，设置： "切削"为"1200"。 其他参数保持默认值

编写凹角
清根加工
程序

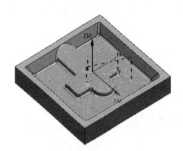

图 16-6 非陡峭区域精加工刀轨

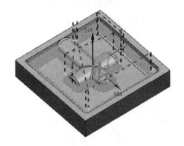

图 16-7 陡峭区域精加工刀轨

任务 16.7 编写凹角清根加工程序

步骤 1：执行"清根铣"命令。 在"主页"选项卡的"插入"组中，单击"创建工序" ![icon]，按照表 16-7 序号 1～4 所示进行设置，弹出"清根参考刀具"对话框。

步骤 2：设置清根铣加工参数。 按照表 16-7 序号 5～10 所示设置"清根铣"加工参数，生成刀具轨迹，如图 16-8 所示。

表 16-7 清根铣加工参数

对话框	序号	参数组	参数值
创建工序	1	类型	在"类型"组中，设置： "类型"为"mill_contour"
	2	工序子类型	在"工序子类型"组中，设置： "工序子类型"为"清根铣" ![icon]
	3	位置	在"位置"组中，设置： "程序"为"PROGRAM"； "刀具"为"B3"； "几何体"为"MILL_AREA"； "方法"为"MILL_FINISH"

对话框	序号	参数组	参数值
创建工序	4	名称	在"名称"组中，保持默认： 　　"名称"为"FLOWCUT_REF_TOOL"
清根铣	5	几何体	在"几何体"组中，自动继承： 　　"几何体"为"MILL_AREA"
	6	驱动方法	在"驱动方法"组中，设置： 　　"方法"为"清根"； 　　单击"编辑" 🔧，弹出"清根驱动方法"对话框
			"清根驱动方法"对话框 在"驱动几何体"组中，保持默认设置： 　　"最大凹度"为"179"； 　　"最小切削长度"为"1mm"； 　　"连接距离"为"3mm" 在"陡峭空间范围"组中，设置： 　　"陡峭壁角度"为"50" 在"非陡峭切削"组中，设置： 　　"非陡峭切削模式"为"往复上升"； 　　"切削方向"为"混合"； 　　"步距"为"0.1"； 　　"顺序"为"由外向内交替" 在"陡峭切削"组中，设置： 　　"陡峭切削模式"为"往复上升横切"； 　　"陡峭切削方向"为"高到低"； 　　"步距"为"0.1"
	7	工具	在"工具"组中，设置： 　　"刀具"为"B3"
		参考刀具	在"参考刀具"组中，设置： 　　"参考刀具"为"B6"； 　　"重叠距离"为"1"
	8	切削参数	保持默认设置
	9	非切削移动	保持默认设置
	10	进给率和速度	在"主轴速度"组中，设置： 　　☑"主轴速度"为"3000"。 在"进给率"组中，设置： 　　"切削"为"550"； 　　其他参数保持默认值

生成 G
代码

任务 16.8　生成 G 代码

步骤 1：生成 G 代码。选择整体粗加工程序"CAVITY_MILL"生成 G 代码"O1601"，选择残料粗加工程序"CAVITY_MILL_COPY"生成 G 代码"O1602"，选择非陡峭和陡峭区域精加工程序"CONTOUR_AREA"和"ZLEVEL_PROFILE"生成 G 代码"O1603"，选择凹角清根加工程序"FLOWCUT_REF_TOOL"生成 G 代码"O1604"。

步骤 2：保存文件。在快速访问工具条中，单击"保存" 💾保存文件。

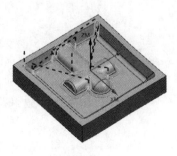

图 16-8　凹角清根加工刀轨

 拓展提高

★固定轮廓铣的驱动方法

"区域铣削"驱动方法是"固定轮廓铣"工序中应用最广泛的驱动方法，适用于平坦曲面的精加工编程。除此之外，"固定轮廓铣"工序还有多种驱动方法，应用于不同的加工场合。鉴于篇幅所限，只做简单介绍，详细内容可参考 NX 帮助文件。

①"螺旋式"驱动方法。"螺旋式"驱动方法可创建以指定点为中心的螺旋式刀具轨迹，轨迹在垂直于投影矢量方向的平面内呈螺旋状，并沿着投影矢量方向投影到加工面上，如图 16-9 所示。加工过程中，刀具轨迹不改变切削方向，始终保持均匀点距由中心点，并且向外光顺切削。

②"曲面"驱动方法。"曲面"驱动方法可使用面的有序栅格创建刀轨，如图 16-10 所示。当区域铣削不工作时，可以使用此方法。

图 16-9 "螺旋式"驱动方法

图 16-10 "曲面"驱动方法

③"流线"驱动方法。"流线"驱动方法可根据选中的几何体来构建隐式驱动曲面，以灵活地创建刀轨，如图 16-11 所示。

④"径向切削"驱动方法。"径向切削"驱动方法可指定任意曲线和边缘来定义驱动几何体，由此产生垂直于驱动边界的、具有一定宽度的驱动轨迹，如图 16-12 所示。"径向切削"驱动方法常用于清除工件底部的残留材料。

图 16-11 "流线"驱动方法示例

图 16-12 "径向切削"驱动方法示例

 课后练习

编写附录图库附图 52 和附图 53 所示零件的加工程序。

🕮 学海导航

工业软件行业状况

★信息化系统的信创国产化改造

2022 年 9 月底，国资委下发了"79 号文件"，明确要求所有中央企业在 2022 年 11 月底前将安可替代总体方案报送国资委；自 2023 年 1 月起，每季度末向国资委报送信创系统替换进度。最终要求 2027 年底前，实现所有中央企业的信息化系统安可信创替代。

根据调研，信创替换是一个逐步走向深水区的过程，即先从基础环节替换，再到应用环节替换，应用环节先替换办公系统，再替换业务系统，业务系统先替换非核心系统，再替换核心系统。具体来看，一是对终端环节的替换，主要是采购国产芯片的 PC 及服务器；二是对基础软件环节的替换，主要是采购与 PC 和服务器相匹配的操作系统、终端系统、中间件等；三是对综合办公室软件的替换，主要是 OA 系统、电子邮件等；四是对经营管理系统的替换，主要包括 CRM、ERP 等；五是对生产运营系统的替换，也是对核心业务系统的替换，主要包括生产制造、运营管理等，通常对核心应用软件的替换是信创替换的最后环节。

项目 **17**

编写沟槽与文字加工程序

学习目标

本项目通过编写沟槽和文字的加工程序（图 17-1）达到如下学习目的：

☆掌握固定轮廓铣工序中"曲线 / 点""文本"驱动方法的应用。

☆理解常用参数的含义和设置方法。

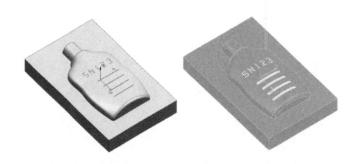

图 17-1　沟槽与文字零件（材料：45 钢）

项目分析

　　本项目是在零件上加工沟槽和文字，通常使用"固定轮廓铣"工序中的"曲线 / 点"和"文本"驱动方法进行编程。根据沟槽和文字特征，确定加工工艺如表 17-1 所示。

表 17-1　数控加工工艺表

工步号	工步内容	刀具号	刀具规格	主轴转速 /（r/min）	进给速度 /（mm/min）	背吃刀量 /mm	侧吃刀量 /mm
1	沟槽加工	T01	B4	3000	750	0.1	—
2	文字加工	T02	B2	3000	400	0.05	—

知识 编程方法

（1）"曲线 / 点"驱动方法

"曲线 / 点"是"固定轮廓铣"工序中的一种驱动方法，是通过指定曲线或点来定义驱动几何体，从而生成跟随驱动几何体的刀具轨迹，如图 17-2（a）所示。"曲线 / 点"驱动方法适用于沟槽或字的加工编程。

(a)"曲线/点"驱动方法

(b)"文本"驱动方法

图 17-2 固定轮廓铣驱动方法

（2）"文本"驱动方法

"文本"是"固定轮廓铣"工序中的一种驱动方法，是直接以制图注释创建的文本作为驱动几何体，生成刀位点并投影到部件曲面生成刀具轨迹，如图 17-2（b）所示。"文本"驱动方法适用于文本的加工编程，例如零件信息或标识，即刻字。

项目实施

初始化加工环境和设置父组参数

任务 17.1 初始化加工环境

步骤 1：打开模型文件。 打开零件模型文件"沟槽与文字 .prt"。

步骤 2：进入加工环境。 启动加工模块，在"加工环境"对话框中选择"mill_contour"，开始进行加工环境初始化，进入加工环境。

任务 17.2 设置父组参数

（1）建立几何体

步骤 1：设置加工坐标系和安全平面。 设置加工坐标系位于零件模型上部水平面的中心，安全平面距此平面 30mm。

步骤 2：创建工件。 指定部件时，选择零件模型作为部件。指定毛坯时，设置"毛坯类型"为"部件的偏置"、"偏置"为"0"。

（2）创建刀具

创建加工所用的刀具，如表 17-2 所示。

表 17-2 刀具参数表

序号	刀具描述	名称	直径	下半径	长度	刀刃长度	刀刃	编号组参数
1	直径为 4 的球刀	B4	4	2	50	8	2	1
2	直径为 2 的球刀	B2	2	1	50	4	2	2

（3）创建方法

设置粗加工、精加工的余量和公差，参数如表 15-3 所示。

编写沟槽
加工程序

任务 17.3 编写沟槽加工程序

（1）执行"固定轮廓铣"命令

在"主页"选项卡的"插入"组中，单击"创建工序" ![icon]，按照表 17-3 序号 1～4 所示进行设置，弹出"固定轮廓铣"对话框。

表 17-3 沟槽加工"固定轮廓铣"加工参数

对话框	序号	参数组	参数值	
创建工序	1	类型	在"类型"组中，设置： "类型"为"mill_contour"	
	2	工序子类型	在"工序子类型"组中，设置： "工序子类型"为"固定轮廓铣" ![icon]	
	3	位置	在"位置"组中，设置： "程序"为"PROGRAM"； "刀具"为"B4"； "几何体"为"WORKPIECE"； "方法"为"MILL_FINISH"	
	4	名称	在"名称"组中，设置： "名称"为"GOUCAO"	
固定轮廓铣	5	几何体	在"几何体"组中，自动继承： "几何体"为"WORKPIECE"	
	6	工具	在"刀具"组中，自动继承： "刀具"为"B4"	
	7	驱动方法	在"驱动方法"组中，设置： "方法"为"曲线/点"； 在图形窗口中，选择 4 条曲线设置为 4 个驱动组	
	8	切削参数	"多刀路"选项卡	在"多重深度"组中，设置： "部件余量偏置"为"2"； ☑"多重深度切削"； "步进方法"为"增量"； "增量"为"0.1"
			"余量"选项卡	在"余量"组中，设置： "部件余量"为"-2"
	9	非切削移动	"进刀"选项卡	在"开放区域"组中，设置： "进刀类型"为"插削"； "进刀位置"为"距离"； "高度"为"1"
			"转移/快速"选项卡	在"部件安全距离"组中，设置： "部件安全距离"为"3"。 在"安全设置"组中，设置： "安全设置选项"为"使用继承的"
	10	进给率和速度	在"主轴速度"组中，设置： ☑"主轴速度"为"3000"。 在"进给率"组中，设置： "切削"为"750"。 其他参数保持默认值	

（2）选择驱动方法和驱动曲线

步骤 1：选择驱动方法。在"固定轮廓铣"对话框的"驱动方法"组中，设置"方法"为"曲线/点"，在"驱动方法"提示框中单击"确定"，如图 17-3 序号①所示，弹出"曲线/点驱动方法"对话框。

步骤 2：选择驱动曲线。在图形窗口中，选择一条曲线作为驱动组 1，如图 17-3 序号②所示。在对话框中，单击"添加新集"，如图 17-3 序号③所示；在图形窗口中，选择第二条曲线作为驱动组 2，如图 17-3 序号④所示。按照相同的方法，创建驱动组 3 和驱动组 4，如图 17-3 序号⑤～⑧所示。单击"确定"，如图 17-3 序号⑨所示，返回"固定轮廓铣"对话框。

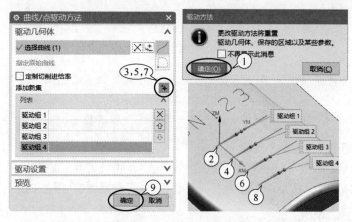

图 17-3　"曲线/点驱动方法"对话框与选择曲线的步骤

> 💡 **提示**：选择曲线时，拾取的位置应尽量一致，以保证曲线方向一致，否则在对话框中单击"反向"以反转曲线方向。而且须将每条曲线作为 1 个驱动组，即 4 条曲线设置为 4 个驱动组。如将 4 条曲线设置为 1 个驱动组，刀具轨迹将首尾相连，如图 17-4（a）所示。

步骤 3：生成刀具轨迹。生成刀具轨迹，如图 17-4（b）所示。从图中可以看出，刀具轨迹只在表面产生，没有切入零件产生沟槽，所以需要进一步设置切削参数。

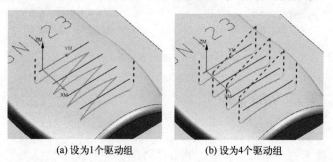

(a) 设为1个驱动组　　(b) 设为4个驱动组

图 17-4　沟槽加工刀轨（未设置多刀路切削）

（3）设置切削参数

步骤 1：设置多刀切削。在"切削参数"对话框的"多刀路"选项卡中，设置"部件余量偏置"为"2"；选中"多重深度切削"复选框，设置"步进方法"为"增量"、"增量"为"0.1"，如图 17-5 序号①～⑤所示。

步骤 2：设置加工余量。在"切削参数"对话框的"余量"选项卡中，设置"部件余量"为"-2"，如图 17-5 序号⑥～⑦所示。

图 17-5　"切削参数"对话框与设置多刀路切削的步骤

💡提示：输入部件余量时，其值不要大于球头铣刀的半径，否则刀轨是不可靠的，系统会发出警告。

　　如果不设置"多刀路"参数，将只产生一条轨迹，即刀具一次切削到指定深度。

（4）设置非切削移动、进给率和速度

　　按表 17-3 所示，设置非切削移动、进给率和速度，生成刀具轨迹，如图 17-6 所示。将上边框条的"渲染样式"下拉菜单更改为"局部着色"，可观察到在零件内部产生的刀轨。

💡提示：沟槽加工时，进刀方式应选择"插削"。

编写文字
加工程序

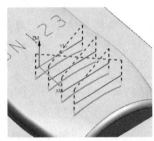
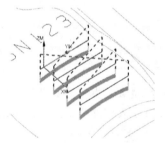

(a)"带边着色"显示效果　　　　　(b)"局部着色"显示效果

图 17-6　沟槽加工刀轨（设置多刀路切削）

任务 17.4　编写文字加工程序

（1）执行"固定轮廓铣"命令

　　在"主页"选项卡的"插入"组中，单击"创建工序" ，按照表 17-4 序号 1 ～ 4 所示进行设置，弹出"固定轮廓铣"对话框。

表 17-4　文字加工"固定轮廓铣"加工参数

对话框	序号	参数组	参数值
创建工序	1	类型	在"类型"组中，设置： 　"类型"为"mill_contour"
	2	工序子类型	在"工序子类型"组中，设置： 　"工序子类型"为"固定轮廓铣"

续表

对话框	序号	参数组	参数值		
创建工序	3	位置	在"位置"组中，设置： "程序"为"PROGRAM"； "刀具"为"B2"； "几何体"为"WORKPIECE"； "方法"为"MILL_FINISH"		
	4	名称	在"名称"组中，设置： "名称"为"WENZI"		
固定轮廓铣	5	几何体	在"几何体"组中，自动继承： "几何体"为"WORKPIECE"		
	6	工具	在"刀具"组中，自动继承： "刀具"为"B2"		
	7	驱动方法	在"驱动方法"组中，设置： "方法"为"文本"； 在图形窗口中，选择"SN123"		
	8	切削参数	"策略"选项卡	在"文本深度"组中，设置： "文本深度"为"0.5"	
			"多刀路"选项卡	在"多重深度"组中，设置： "部件余量偏置"为"0.5"； ☑ "多重深度切削"； "步进方法"为"增量"； "增量"为"0.05"	
			"余量"选项卡	在"余量"组中，设置： "部件余量"为"0"； 切记不能将"部件余量"设为"-0.5"，否则文字的加工深度将至"-1"的位置	
	9	非切削移动	"进刀"选项卡	在"开放区域"组中，设置： "进刀类型"为"插削"； "进刀位置"为"距离"； "高度"为"1"	
			"退刀"选项卡	在"退刀"组中，设置： "退刀类型"为"与进刀相同"	
			"转移/快速"选项卡	在"部件安全距离"组中，设置： "部件安全距离"为"3"。 在"安全设置"组中，设置： "安全设置选项"为"使用继承的"	
	10	进给率和速度	在"主轴速度"组中，设置： ☑ "主轴速度"为"3000"。 在"进给率"组中，设置： "切削"为"400"； 其他参数保持默认值		

（2）选择驱动方法和驱动文字

　　步骤 1：选择驱动方法。在"固定轮廓铣"对话框的"驱动方法"组中，设置"方法"为"文本"，如图 17-7 序号①所示，弹出"驱动方法"提示框，单击"确定"，如图 17-7 序号②所示，弹出"文本驱动方法"对话框；单击"确定"，如图 17-7 序号③所示，返回"固定轮廓铣"对话框。

　　步骤 2：选择制图文本。在"固定轮廓铣"对话框的"几何体"组中，单击"指定制图文本" [A]，如图 17-7 序号④所示，弹出"文本几何体"对话框；在图形窗口中，选择文本"SN123"，如图 17-7 序号⑤所示；单击"确定"，如图 17-7 序号⑥所示，返回"固定轮廓铣"对话框。

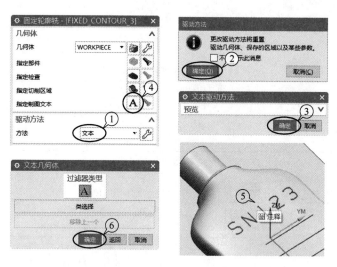

图 17-7　选择"文本"驱动方法与选择文字的步骤

（3）设置切削参数

　　步骤 1：设置文本深度。在"切削参数"对话框的"策略"选项卡中，设置"文本深度"为"0.5"，如图 17-8 序号①~②所示。

　　步骤 2：设置多刀切削。在"切削参数"对话框的"多刀路"选项卡中，设置"部件余量偏置"为"0.5"，选中"多重深度切削"复选框，设置"步进方法"为"增量"、"增量"为"0.05"，如图 17-8 序号③~⑦所示。

　　步骤 3：设置加工余量。在"切削参数"对话框的"余量"选项卡中，设置"部件余量"为"0"，如图 17-8 序号⑧~⑨所示。

💡提示：文本深度和加工余量不能同时设置。即如果设置了文本深度为某数值，加工余量应设置为 0；或文本深度设置为 0，加工余量可设置为某数值，且应为负数。后者与编写沟槽加工程序的设置方法一致。

图 17-8　"切削参数"对话框与设置多刀路切削步骤

（4）设置非切削移动、进给率和速度

按表 17-4 所示，设置非切削移动、进给率和速度，生成刀具轨迹，如图 17-9 所示。

> 🔅 **提示**：编写文字加工程序时，建议使用球刀编程，实际加工时再使用尖刀。如果直接用尖刀编程，当切深设置不合理时，将出现警告信息，甚至错误程序，如图 17-10 所示。

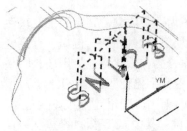

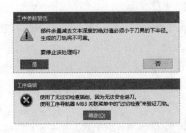

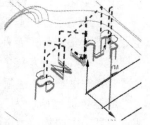

图 17-9　文字加工刀轨　　　　　　　图 17-10　尖刀编程的警告信息和错误程序

（5）生成 G 代码

生成 G 代码，保存文件。

🔘 拓展提高

★固定轮廓铣的驱动方法

除"固定轮廓铣"中的"文本"驱动方法可以直接在轮廓表面雕刻制图文本外，还可以使用"轮廓文本""平面文本"工序编写文字加工程序。

（1）轮廓文本

◎命令应用。"轮廓文本"工序是 mill_contour（轮廓铣）工序类型中的一个子类型，用于在曲面上创建文本雕刻刀轨，例如零件号和模具型腔 ID 号。只能选择制图文本作为要雕刻的几何体，所以创建此工序之前必须创建制图文本。

◎位于何处？在功能区，"主页"选项卡的"插入"组→"创建工序" 📝，在"创建工序"对话框中，"类型"→"mill_contour"、"工序子类型"→"轮廓文本" 📇。

（2）平面文本

◎命令应用。"平面文本"工序是 mill_planar（平面铣）工序类型中的一个子类型，用于在平面上创建文本雕刻刀轨，例如零件号和模具型腔 ID 号。只能选择制图文本作为要雕刻的几何体，所以创建此工序之前必须创建制图文本。

◎位于何处？在功能区，"主页"选项卡的"插入"组→"创建工序" 📝，在"创建工序"对话框中，"类型"→"mill_planar"、"工序子类型"→"平面文本" 📇。

✏️ 课后练习

编写附录图库附图 54 所示零件的加工程序。

 学海导航

工业软件行业状况

★数字化工业软件联盟（DISA）

2021 年 5 月 20 日，数字化工业软件联盟（DISA）由华为牵头成立，其汇聚工业软件企业、产业集群骨干企业、高校院所等各方资源，旨在推动工业软件快速、健康、有序地发展，对制约产业发展的重要领域形成创新集群，集众智聚众力，聚焦行业应用场景，联合工业软件生态，共建新一代工业软件云平台，助力工业企业数字化转型和产业升级。

联盟会员包括华为、工信部电子五所、广汽集团、美的集团、广州数控、安世亚太、赛意信息、中望软件、金蝶软件等全国范围内的 250 多家单位。其中，理事长单位为华为；常务副理事长单位为工信部电子五所；秘书处单位为广东省数字化学会，负责联盟日常运营工作。

联盟构筑了新一代工业软件"根技术"，成立了 Open DISA 开源平台并孵化了 Open Geometry 开源社区，基于开源 OCCT 发展了新一代工业软件内核，为中国工业软件厂商提供了一个安全可控的几何底座，确保工业软件连续可控，并为全球工业软件开发者提供了第二选择。

联盟重新构建了新一代工业软件标准体系 DISSA，涵盖 12 大系列标准和 20 多项标准项目，聚焦工业软件数据模型、接口规范、文件格式交换场景，定义了 xDM、CAx、资源库三大类标准，打造了前后左右上下互通的工业软件标准体系，使关键工业软件有标可依。

项目 **18**

编写孔加工程序

📚 **学习目标**

本项目通过编写孔的加工程序（图 18-1）达到如下学习目的：

☆掌握定心钻、钻孔、铣孔等工序的应用。

☆理解常用参数的含义和设置方法。

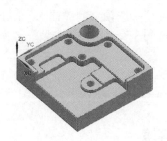

图 18-1　孔加工零件（材料：45 钢）

📄 **项目分析**

　　本项目是在零件加工孔。对于孔的加工，一般先钻定位孔，再钻孔。如果孔径较大，还需要扩孔或铣孔。如果孔有精度要求，还需要铰孔或镗孔。根据孔的特征，确定加工工艺如表 18-1 所示。

表 18-1　数控加工工艺表

工步号	工步内容	刀具号	刀具规格	主轴转速 / (r/min)	进给速度 / (mm/min)	背吃刀量 /mm	侧吃刀量 /mm
1	钻定位孔	T01	D8	3600	700	—	—
2	钻孔	T02	D8	3600	700	—	—
3	铣孔	T03	D12R0.5	2600	1500	—	—

相关知识

知识　编程命令

（1）定心钻

◎命令应用。"定心钻"工序是 hole_making（孔加工）工序类型中的一个子类型，用于创建钻定位孔的刀轨。

◎位于何处？在功能区，"主页"选项卡的"插入"组→"创建工序" ，在"创建工序"对话框中，"类型"→"hole_making"、"工序子类型"→"定心钻" 。

（2）钻孔

◎命令应用。"钻孔"工序是 hole_making（孔加工）工序类型中的一个子类型，用于创建钻孔的刀轨，主要用于浅孔的加工。

◎位于何处？在功能区，"主页"选项卡的"插入"组→"创建工序" ，在"创建工序"对话框中，"类型"→"hole_making"、"工序子类型"→"钻孔" 。

（3）铣孔

◎命令应用。"铣孔"工序是 hole_making（孔加工）工序类型中的一个子类型，用于创建铣孔的刀轨，特别适用于孔尺寸较大而无法钻削加工的孔的加工。

◎位于何处？在功能区，"主页"选项卡的"插入"组→"创建工序" ，在"创建工序"对话框中，"类型"→"hole_making"、"工序子类型"→"铣孔" 。

项目实施

初始化加工环境和设置父组参数

任务 18.1　初始化加工环境

步骤 1：打开模型文件。打开零件模型文件"孔加工 .prt"。

步骤 2：进入加工环境。启动加工模块，在"加工环境"对话框中选择"hole_making"，开始进行加工环境初始化，进入加工环境。

任务 18.2　设置父组参数

（1）建立几何体

步骤 1：设置加工坐标系和安全平面。设置加工坐标系位于零件模型上表面一棱角处，安全平面距离零件模型上表面"20mm"，如图 18-2 所示。

步骤 2：创建工件。指定部件时，选择零件模型作为部件。指定毛坯时，设置"毛坯类型"为"几何体"，选择如图 18-3 所示模型作为毛坯。

💡提示：毛坯模型处于隐藏状态，可利用部件导航器予以显示，并在完成毛坯的设置后再次隐藏。

（2）创建刀具

①创建直径为 8 的定心钻，步骤如下：

步骤 1：执行"创建刀具"命令。在"主页"选项卡的"插入"组中，单击"创建刀具" 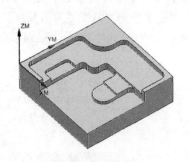，如图 18-4 序号①所示，弹出"创建刀具"对话框。

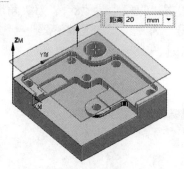

图 18-2 加工坐标系和安全平面

图 18-3 毛坯模型

步骤 2：设置刀具类型。 在"创建刀具"对话框中，设置"类型"为"hole_making"、"刀具子类型"="SPOT_DRILL" 、"名称"为"DXZ_D8"，单击"确定"，如图 18-4 序号②～⑤所示，弹出"定心钻刀"对话框。

步骤 3：设置刀具参数。 在"定心钻刀"对话框中，设置"直径"为"8"、"刀尖角度"为"90"、"长度"为"79"、"刀具号"为"1"，单击"确定"，如图 18-4 序号⑥～⑧所示，完成定心钻的创建。

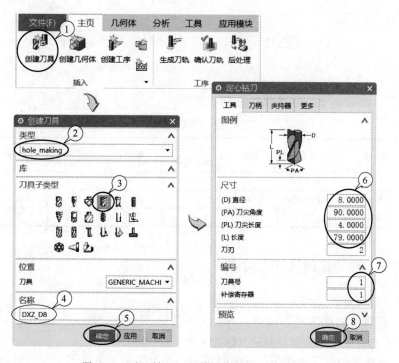

图 18-4 "定心钻刀"对话框与创建定心钻刀的步骤

② 创建直径为 8 的麻花钻，步骤如下：

步骤 1：执行"创建刀具"命令。 在"主页"选项卡的"插入"组中，单击"创建刀具" ，如图 18-5 序号①所示，弹出"创建刀具"对话框。

步骤 2：设置刀具类型。 在"创建刀具"对话框中，设置"类型"为"hole_making"、"刀具子类型"="STD_DRILL" 、"名称"为"MHZ_D8"，单击"确定"，如图 18-5 序号②～⑤

所示，弹出"钻刀"对话框。

步骤 3：设置刀具参数。在"钻刀"对话框中，设置"直径"为"8"、"刀尖角度"为"118"、"长度"为"91"、"刀刃长度"为"53"、"刀具号"为"2"、"补偿寄存器"="2"，单击"确定"，如图 18-5 序号⑥～⑧所示，完成麻花钻的创建。

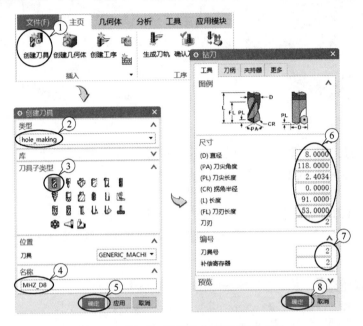

图 18-5　"钻刀"对话框与创建麻花钻的步骤

③ 创建直径为 12 的铣刀，参数如表 18-2 所示。

编写定位
孔加工
程序

表 18-2　刀具参数表

序号	刀具描述	名称	直径	刀尖角度或下半径	长度	刀刃长度	刀刃	刀具号
1	直径为 8 的定心钻	DXZ_D8	8	90	79	17	2	1
2	直径为 8 的麻花钻	MHZ_D8	8	118	91	53	2	2
3	直径为 12 的圆角刀	D12R0.5	12	0.5	75	30	2	3

任务 18.3　编写定位孔加工程序

（1）执行"定心钻"命令

步骤 1：执行"创建工序"命令。在"主页"选项卡的"插入"组中，单击"创建工序" ，如图 18-6 序号①所示，弹出"创建工序"对话框。

步骤 2：选择定心钻工序类型。在对话框的"类型"和"工序子类型"组中，设置"类型"为"hole_making"、"工序子类型"为"定心钻" ，如图 18-6 序号②～③所示。

步骤 3：选择父组参数。在对话框的"位置"组中，设置"程序"为"SPOT_DRILL"、"刀具"为"DXZ_D8"、"几何体"为"WORKPIECE"、"方法"为"DRILL_METHOD"，如图 18-6 序号④所示。

步骤 4：显示"定心钻"对话框。在对话框的"名称"组中，保持默认名称"SPOT_DRILLING"，单击"确定"，如图 18-6 序号⑤所示，弹出"定心钻"对话框。

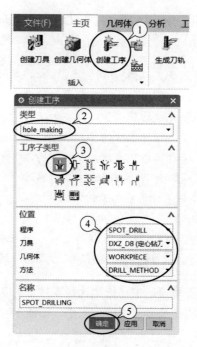

图 18-6　"创建工序"对话框

（2）指定特征几何体

　　步骤 1：设置公共参数。 在"定心钻"对话框的"几何体"组中，单击"指定特征几何体" ，如图 18-7 序号①所示，弹出"特征几何体"对话框。

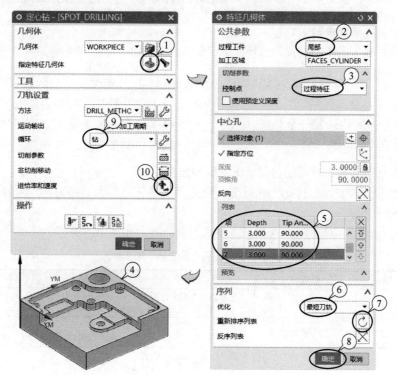

图 18-7　"定心钻"与设置定位孔加工参数的步骤

在"特征几何体"对话框，确认选择"过程工件"为"局部"、"控制点"为"过程特征"，如图 18-7 序号②～③所示。

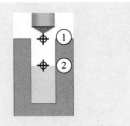

> 💡 提示："过程工件"用于设置加工部件，有"无""局部"和"使用 3D"等 3 个选项。其中，"无"是指不考虑之前钻削加工所去除的任何体积，而以完整的孔体积计算要加工的体积；"局部"是指识别之前钻削加工所去除的体积，通过从局部加工特征的剩余体积中减去加工体积来计算要加工的体积；"使用 3D"是指识别之前钻削加工所去除的体积，通过从三维 IPW 体积中减去加工体积来计算要加工的体积。

图 18-8　"控制点"示意图
①—加工特征；②—过程特征

"控制点"用于确定钻孔的起点，有"加工特征"和"过程特征"两个选项。其中，"加工特征"是指将定位控制点在孔特征的顶部，如图 18-8 序号①所示。"过程特征"是指将定位控制点在当前加工过程特征的顶部，如图 18-8 序号②所示。

步骤 2：选择孔特征。在图形窗口中，依次选择零件上的 7 个孔，如图 18-7 序号④所示。这些孔的信息将显示在对话框"中心孔"组的列表中，如图 18-7 序号⑤所示。

> 💡 提示："使用预定义深度"用于重新设置孔的钻削深度，以替换从孔特征继承的参数值。若钻 4mm 深的定位孔，可选中"使用预定义深度"复选框，并设置"深度"为"4"，则孔深统一修改为"4"。

步骤 3：修改孔加工顺序。在"特征几何体"对话框的"序列"组中，设置"优化"为"最短刀轨"，单击"重新排序列表" ↻，如图 18-7 序号⑥～⑦所示，则孔的加工顺序被重置。单击"确定"，如图 18-7 序号⑧所示，关闭"特征几何体"对话框。

（3）设置钻孔循环参数

在"刀轨设置"组中，设置"循环"为"钻"，如图 18-7 序号⑨所示。

> 💡 提示："钻"循环描述了孔加工所必需的机床运动。在"定心钻"对话框的"循环"组中有 14 种循环类型，可实现钻孔、扩孔、铰孔、镗孔和攻螺纹等的加工。其中，"钻"循环类型将在每个孔位执行一个标准钻循环，产生的刀轨将一次性将孔加工到指定的深度，该循环类型不适用于深孔加工。

（4）设置切削参数、非切削移动、进给率和速度

保持切削参数、非切削移动为默认值，设置"主轴速度"为"3600"、"切削"为"700"，如图 18-7 序号⑩所示。

钻定位孔的加工参数如表 18-3 所示，生成刀具轨迹，如图 18-9 所示。

表18-3　钻定位孔"定心钻"加工参数

对话框	序号	参数组	参数值
创建工序	1	类型	在"类型"组中，设置： "类型"为"hole_making"
	2	工序子类型	在"工序子类型"组中，设置： "工序子类型"为"定心钻"
	3	位置	在"位置"组中，设置： "程序"为"SPOT_DRILL"； "刀具"为"DXZ_D8"； "几何体"为"WORKPIECE"； "方法"为"DRILL_METHOD"

续表

对话框	序号	参数组	参数值	
创建工序	4	名称	在"名称"组中，保持默认： "名称"为"SPOT_DRILLING"	
定心钻	5	几何体	在"几何体"组中，自动继承： "几何体"为"WORKPIECE"； 单击"指定特征几何体" ，在图形窗口中选择 7 个孔	
			"特征几何体"对话框	在"公共参数"组中，设置： "过程工件"为"局部"； "控制点"为"过程特征"。 在"中心孔"组中，显示： 孔的数量、深度等信息。 在"序列"组中，设置： "优化"为"最短刀轨"； 单击"重新排序列表"
	6	工具	在"刀具"组中，自动继承： "刀具"为"DXZ_D8"	
	7	刀轨设置	在"刀轨设置"组中，保持默认设置： "循环"为"钻"	
	8	切削参数	全部选项卡	保持默认设置
	9	非切削移动	全部选项卡	保持默认设置
	10	进给率和速度	在"主轴速度"组中，设置： ☑"主轴速度"为"3600"。 在"进给率"组中，设置： "切削"为"700"。 其他参数保持默认值	

编写钻孔
加工程序

任务 18.4　编写钻孔加工程序

（1）执行"钻孔"命令

步骤 1：执行"创建工序"命令。 在"主页"选项卡的"插入"组中，单击"创建工序" 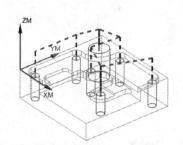 ，如图 18-10 序号①所示，弹出"创建工序"对话框。

图 18-9　钻定位孔加工刀轨

步骤 2：选择钻孔工序类型。 在对话框的"类型"和"工序子类型"组中，设置"类型"为"hole_making"，"工序子类型"为"钻孔" ，如图 18-10 序号②~③所示。

步骤 3：选择父组参数。 在对话框的"位置"组中，设置"程序"为"DRILL"、"刀具"为"MHZ_D8"、"几何体"为"WORKPIECE"、"方法"为"DRILL_METHOD"，如图 18-10 序号④所示。

步骤 4：显示"钻孔"对话框。 在对话框的"名称"组，保持默认名称"DRILLING"，单击"确定"，如图 18-10 序号⑤所示，弹出"钻孔"对话框。

（2）指定特征几何体

步骤 1：设置公共参数。 在"钻孔"对话框的"几何体"组中，单击"指定特征几何体" ，如图 18-11 序号①所示，弹出"特征几何体"对话框。

图 18-10　"创建工序"对话框

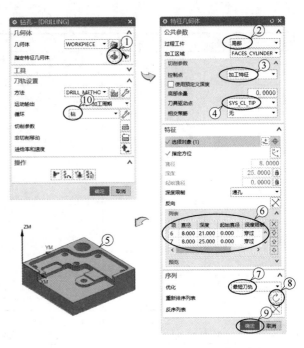

图 18-11　"钻孔"对话框与设置孔加工参数的步骤

在"特征几何体"对话框中，确认选择"过程工件"为"局部"、"控制点"为"加工特征"、"刀具驱动点"为"SYS_CL_TIP"，如图 18-11 序号②～④所示。

💡 提示："刀具驱动点"用于设置刀具接触点的位置以控制钻削深度，包括"SYS_CL_TIP"（刀具尖端）和"SYS_CL_SHOULDER"（刀具肩部）两个选项，如图 18-12 所示。

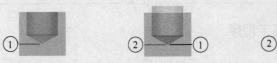

(a) 孔的尖点位置　　(b) 刀具的尖端与孔的尖点重合　(c) 刀具的尖端到孔的肩部

图 18-12　"刀具驱动点"示意图

①—孔的尖点；②—刀具的尖端

💡 提示："底面余量"用于为盲孔指定正的或负的底面余量，正、负底面余量如图 18-13 所示。

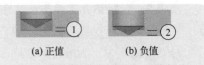

(a) 正值　　(b) 负值

图 18-13　盲孔"底面余量"示意图

①—正底面余量；②—负底面余量

步骤 2：选择孔特征。 在图形窗口中，依次选择零件上的 7 个孔，如图 18-11 序号⑤所示，这些孔的信息将显示在对话框"特征"组的列表中，如图 18-11 序号⑥所示。

步骤 3：修改孔的加工顺序。 在"特征几何体"对话框的"序列"组中，设置"优化"为"最短刀轨"，单击"重新排序列表" ↻，如图 18-11 序号⑦～⑧所示，则孔的加工顺序被重置。单击"确定"，如图 18-11 序号⑨所示，关闭"特征几何体"对话框。

（3）设置钻孔循环参数

在"刀轨设置"组中，设置"循环"为"钻"，如图 18-11 序号⑩所示。

（4）设置切削参数、非切削移动、进给率和速度

保持切削参数、非切削移动为默认值，设置"主轴速度"为"3600"，"切削"为"700"。

钻孔的加工参数如表 18-4 所示，生成刀具轨迹，如图 18-14 所示。

表18-4　钻孔加工参数

对话框	序号	参数组	参数值
创建工序	1	类型	在"类型"组中，设置： "类型"为"hole_making"
	2	工序子类型	在"工序子类型"组中，设置： "工序子类型"为"钻孔"
	3	位置	在"位置"组中，设置： "程序"为"DRILL"； "刀具"为"MHZ_D8"； "几何体"为"WORKPIECE"； "方法"为"DRILL_METHOD"
	4	名称	在"名称"组中，保持默认： "名称"为"DRILLING"
钻孔	5	几何体	在"几何体"组中，自动继承： "几何体"为"WORKPIECE"； 单击"指定特征几何体"，在图形窗口中选择 7 个孔
		"特征几何体"对话框	在"公共参数"组中，设置： "过程工件"为"局部"； "控制点"为"加工特征"； "刀具驱动点"为"SYS_CL_TIP"。 在"特征"组中，显示： 孔的数量、深度等信息。 在"序列"组中，设置： "优化"为"最短刀轨"； 单击"重新排序列表"
	6	工具	在"刀具"组，自动继承： "刀具"为"MHZ_D8"
	7	刀轨设置	在"刀轨设置"组，保持默认设置： "循环"为"钻"
	8	切削参数	全部选项卡　保持默认设置
	9	非切削移动	全部选项卡　保持默认设置
	10	进给率和速度	在"主轴速度"组中，设置： ☑"主轴速度"为"3600"。 在"进给率"组中，设置： "切削"为"700"； 其他参数保持默认值

任务 18.5　编写铣孔加工程序

（1）执行"铣孔"命令

步骤 1：执行"创建工序"命令。 在"主页"选项卡的"插入"组中，单击"创建工序"，如图 18-15 序号①所示，弹出"创建工序"对话框。

步骤 2：选择铣孔工序类型。 在对话框的"类型"和"工序子类型"组中，设置"类型"为"hole_making"、"工序子类型"为"铣孔"，如图 18-15 序号②～③所示。

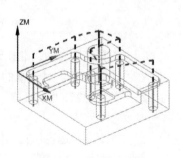

图 18-14　钻孔加工刀轨

编写铣孔
加工程序

图 18-15 "创建工序"对话框

步骤 3：选择父组参数。 在对话框的"位置"组中，设置"程序"为"MILL"、"刀具"为"D12R0.5"、"几何体"为"WORKPIECE"、"方法"为"METHOD"，如图 18-15 序号④所示。

步骤 4：显示"铣孔"对话框。 在对话框的"名称"组中，保持默认名称"HOLE_MILLING"，单击"确定"，如图 18-15 序号⑤所示，弹出"孔铣"对话框。

（2）指定特征几何体

在"孔铣"对话框的"几何体"组中，单击"指定特征几何体" 🔧，如图 18-16 序号①所示，弹出"特征几何体"对话框。在"特征几何体"对话框，确认选择"过程工件"为"局部"；在图形窗口中，选择零件上的大孔；单击"确定"，如图 18-16 序号②～④所示，关闭"特征几何体"对话框。

（3）设置刀轨参数

在"孔铣"对话框的"刀轨设置"组中，设置"切削模式"为"螺旋"；在"轴向"组，设置"每转深度"为"距离"、"螺距"为"1"，如图 18-16 序号⑤～⑥所示。

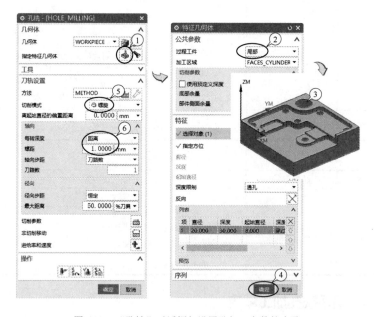

图 18-16 "孔铣"对话框与设置孔加工参数的步骤

（4）设置切削参数、非切削移动、进给率和速度等参数

在"切削参数"对话框的"策略"选项卡中，设置"最小螺旋直径"为"5"、"顶偏置"为"距离"为"2"、"底偏置"为"距离"为"2"，如图 18-17 序号①～③所示。保持非切削移动参数为默认值。

在"进给率和速度"对话框中，设置"主轴速度"为"2600"，"切削"为"1500"。

铣孔的加工参数如表 18-5 所示。生成刀具轨迹，如图 18-18 所示。

表 18-5　铣孔加工参数

对话框	序号	参数组	参数值
创建工序	1	类型	在"类型"组中，设置： "类型"为"hole_making"
	2	工序子类型	在"工序子类型"组中，设置： "工序子类型"为"铣孔"
	3	位置	在"位置"组中，设置： "程序"为"MILL"； "刀具"为"D12R0.5"； "几何体"为"WORKPIECE"； "方法"为"METHOD"
	4	名称	在"名称"组中，保持默认： "名称"为"HOLE_MILLING"
钻孔	5	几何体	在"几何体"组中，自动继承： "几何体"为"WORKPIECE"； 单击"指定特征几何体" 在图形窗口中选择大孔
		"特征几何体"对话框	在"公共参数"组中，设置： "过程工件"为"局部"。 在"特征"组中，显示： 孔的数量、深度等信息
	6	工具	在"刀具"组中，自动继承： "刀具"为"D12R0.5"
	7	刀轨设置	在"刀轨设置"组中，设置： "切削模式"为"螺旋"。 在"轴向"组中，设置： "每钻深度"为"距离"； "螺距"为"1"
	8	切削参数	"策略"选项卡	在"切削"组中，设置： "最小螺旋直径"为"5"。 在"延伸刀轨"组中，设置： "顶偏置"为"距离"为"2"； "底偏置"为"距离"为"2"
	9	非切削移动	全部选项卡	保持默认设置
	10	进给率和速度	在"主轴速度"组中，设置： ☑"主轴速度"为"2600"。 在"进给率"组中，设置： "切削"为"1500"。 其他参数保持默认值

图 18-17　"切削参数"对话框

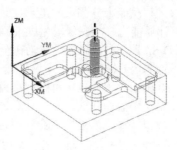
图 18-18　铣孔加工刀轨

（5）生成 G 代码

生成 G 代码，保存文件。

拓展提高

★其他常用的孔加工方法

（1）钻深孔

◎命令应用。"钻深孔"工序是 hole_making（孔加工）工序类型中的一个子类型，用于创建可能与十字孔相交的深孔加工的刀轨。

◎位于何处？在功能区，"主页"选项卡的"插入"组→"创建工序"，在"创建工序"对话框中，"类型"→"hole_making"、"工序子类型"→"钻深孔"。

（2）攻丝

◎命令应用。"攻丝"工序是 hole_making（孔加工）工序类型中的一个子类型，用于创建攻螺纹的刀轨。

◎位于何处？在功能区，"主页"选项卡的"插入"组→"创建工序"，在"创建工序"对话框中，"类型"→"hole_making"、"工序子类型"→"攻丝"。

课后练习

编写附录图库附图 55 所示零件的加工程序。

学海导航

工业软件行业状况

★华为与 OGG

在 CAD、CAE、CAM 和 PLM 等软件的底层，几何建模内核（引擎）扮演着关键的角色，目前最成熟的几何建模引擎已经被德国西门子、法国达索和俄罗斯 Ascon 等国外巨头垄断。在此背景下，华为推出的开源几何建模引擎为全球工业软件市场带来了全新的变数。

2024 年 4 月 19 日，华为与数字化工业软件联盟（DISA）携手，在深圳举办了一场盛大的"云几何技术研讨会暨 OGG1.0 发布会"。此次会议标志着 OGG1.0（OGG 2024.4 Preview Beta）版本的正式发布，同时也是中国工业软件发展历程中一座重要的里程碑。

OGG，即 open geometry group（开源几何建模引擎），是一种用于几何建模和处理的关键技术。其功能十分强大，能够实现复杂几何形状的创建、编辑和分析。它具备高度精确的几何计算能力，能确保模型的准确性和可靠性。华为将 OGG 源代码开源至 DISA 主导的"Open DISA"平台，彰显了华为在全球开源运动中的责任与担当。

华为通过 OGG 项目，不仅打破了工业软件市场由西门子、达索等国际巨头形成的垄断局面，更在工业软件自主可控的道路上迈出了坚实的一步。华为以实际行动引领世界工业软件行业向着更加开放、多元化和自主可控的方向发展，为全球制造业转型升级提供了有力的支持和保障，为世界工业软件提供了第二种选择，展现出中国企业在科技创新和国际合作中的勇气与智慧，预示着一个崭新的、充满无限可能的工业软件时代即将来临。

图库

（1）草图

附图 1

附图 2

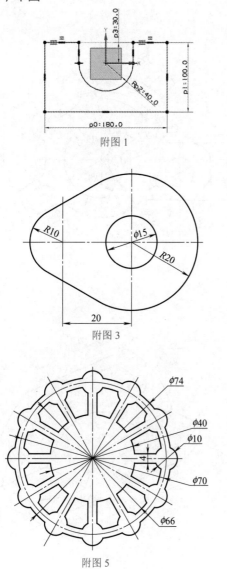

附图 3

附图 4

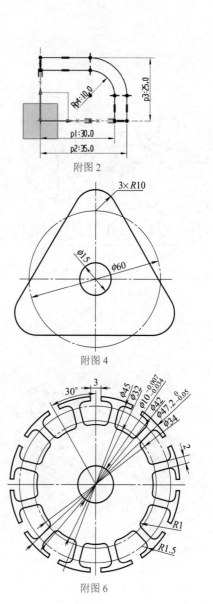

附图 5

附图 6

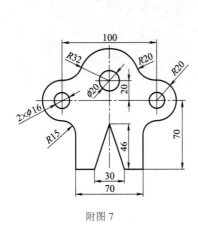

附图 7

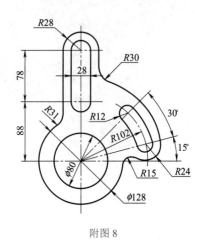

附图 8

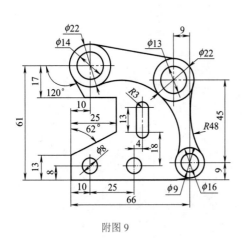

附图 9

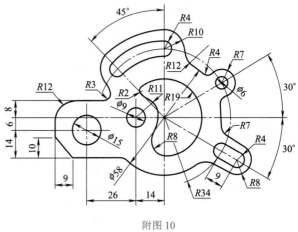

附图 10

（2）特征

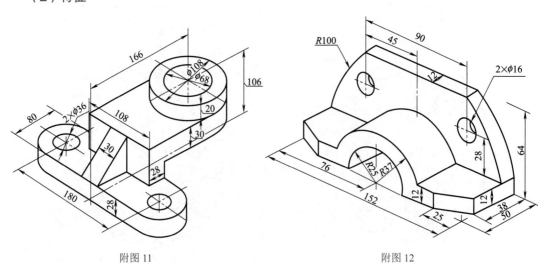

附图 11

附图 12

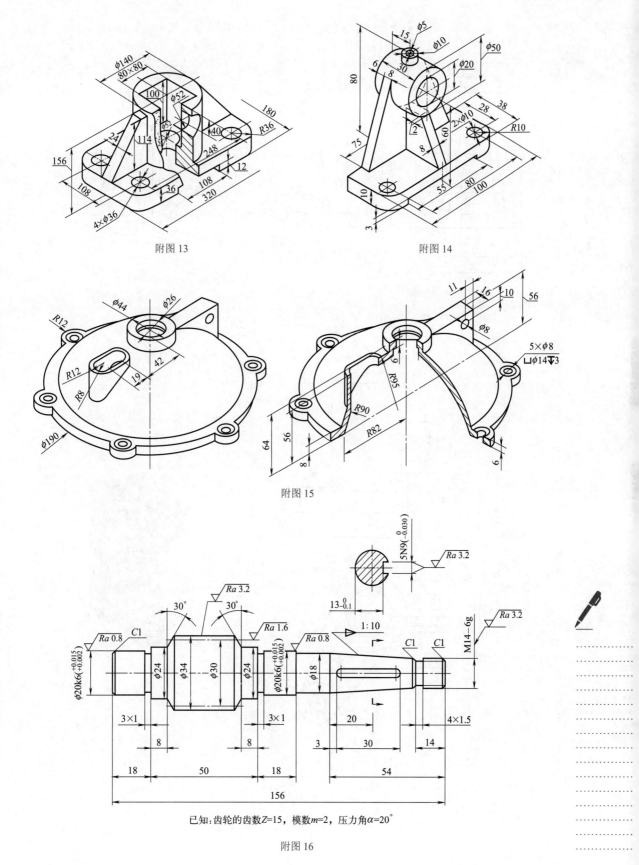

附图 13

附图 14

附图 15

已知：齿轮的齿数Z=15，模数m=2，压力角α=20°

附图 16

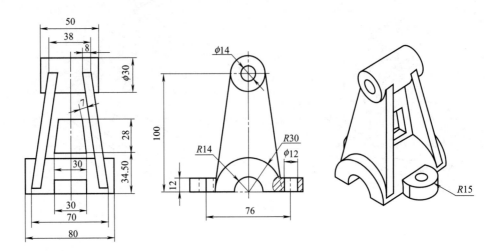

附图 17

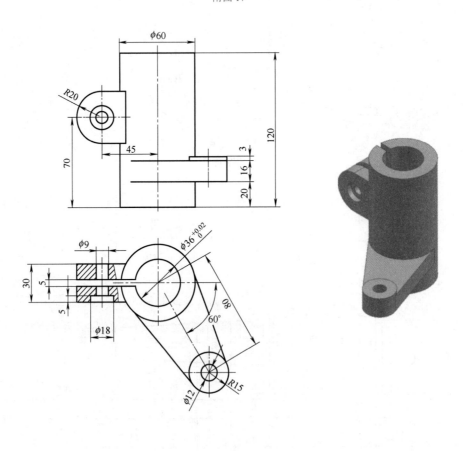

附图 18

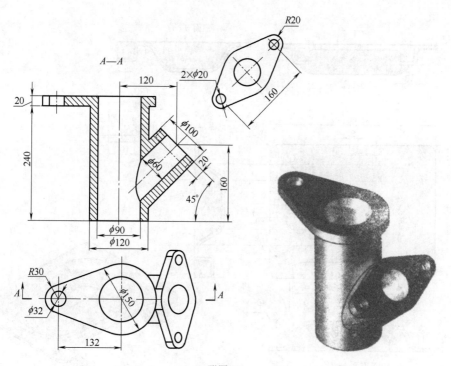

附图 19

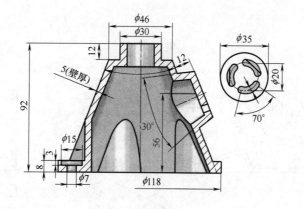

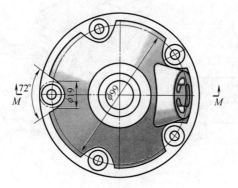

附图 20

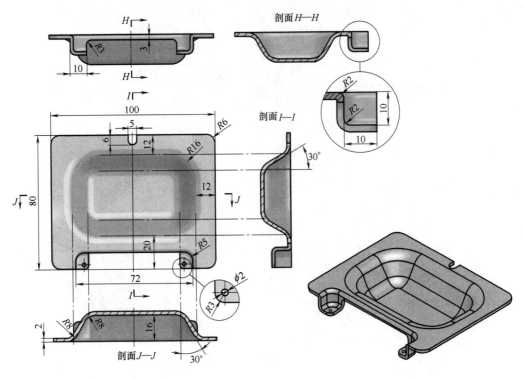

附图 21

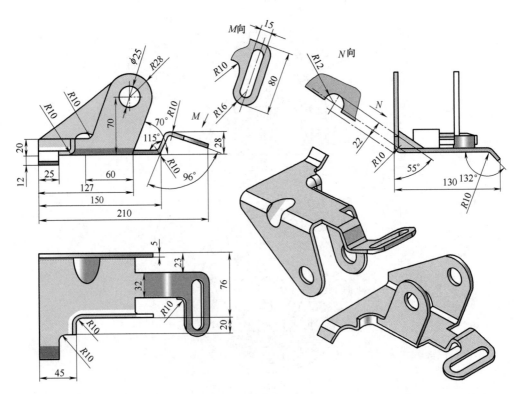

附图 22

（3）齿轮泵

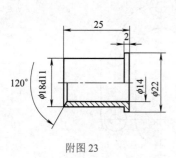

附图 23

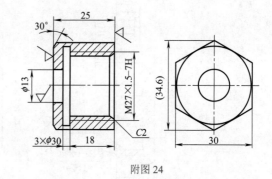

附图 24

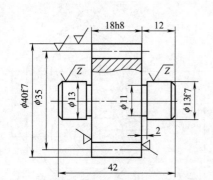

已知：齿轮的齿数 Z=14，模数 m=2.5，压力角 α=20°

附图 25

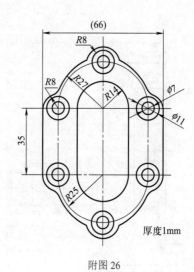

厚度1mm

附图 26

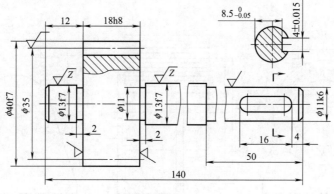

已知：齿轮的齿数 Z=14，模数 m=2.5，压力角 α=20°

附图 27

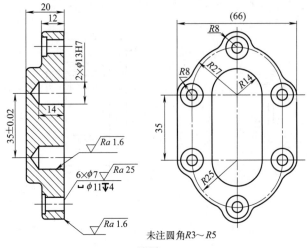

未注圆角 R3～R5

附图 28

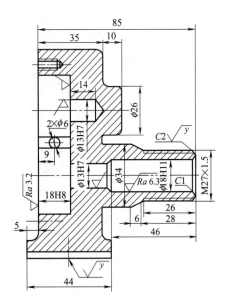

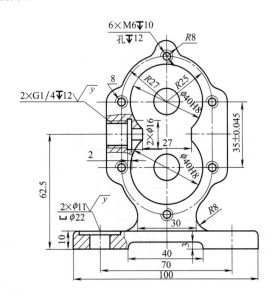

附图 29

（4）风机

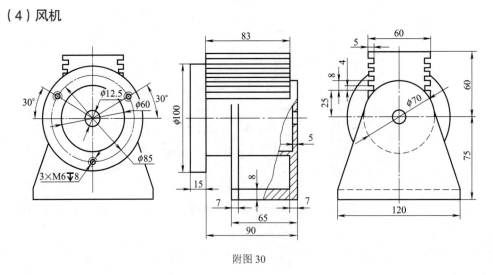

附图 30

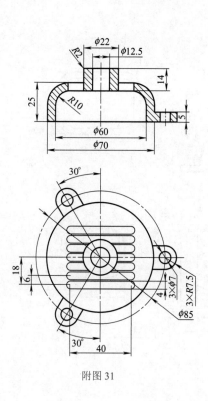

附图 31

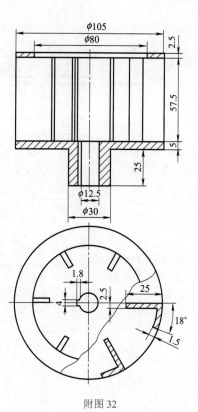

附图 32

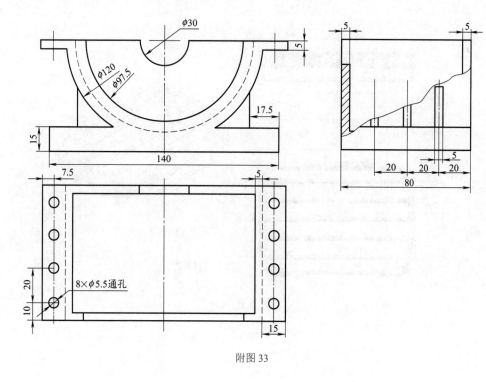

附图 33

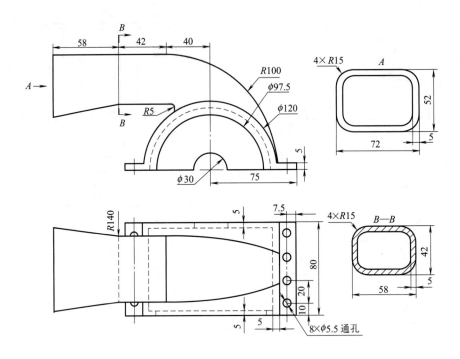

附图 34

（5）曲面

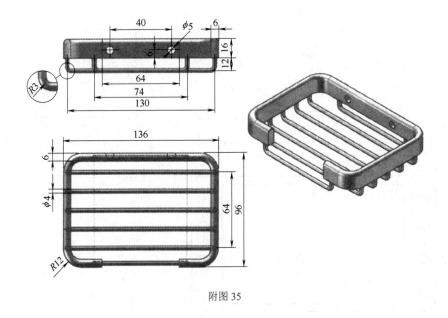

附图 35

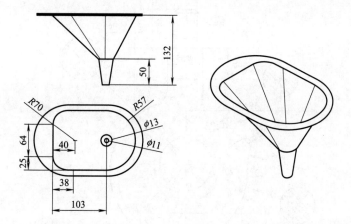

附图 36

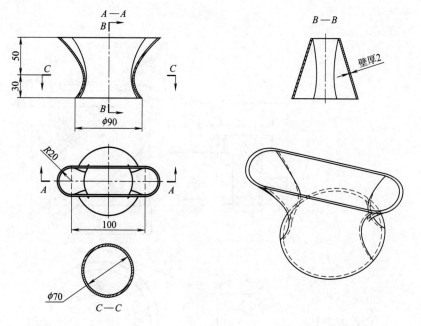

附图 37

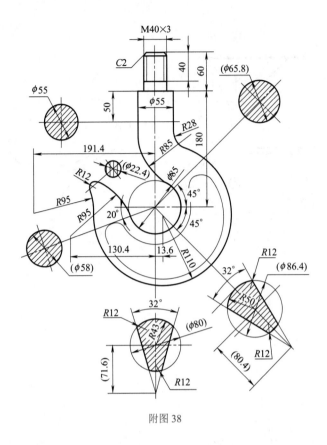

附图 38

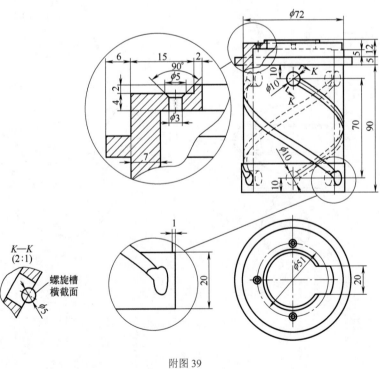

附图 39

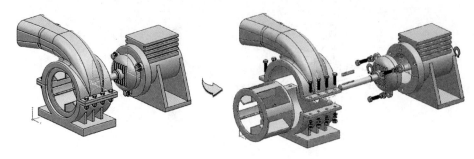

附图 44

（7）制图

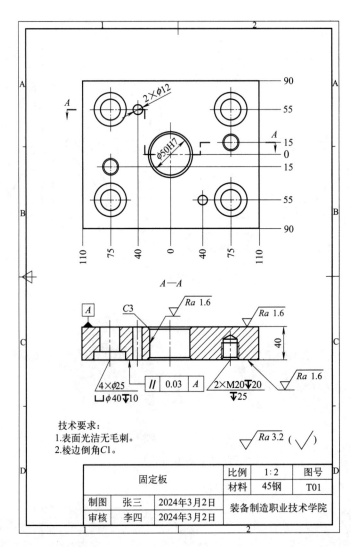

附图 45

（8）加工

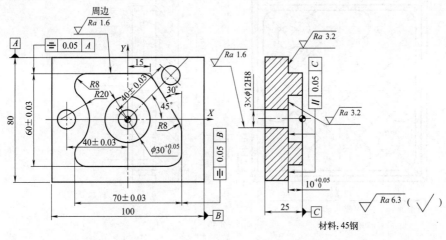

附图 46

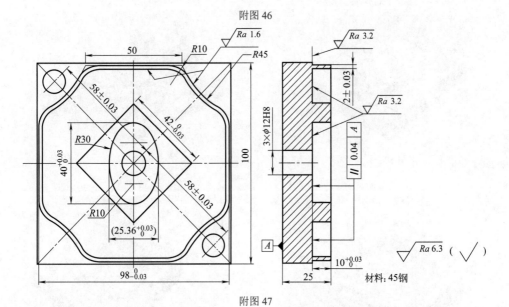

附图 47

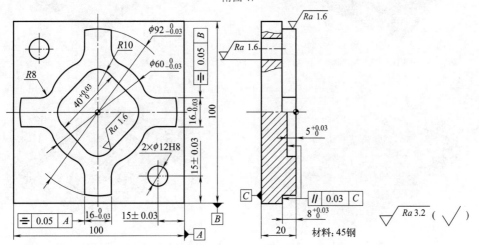

附图 48

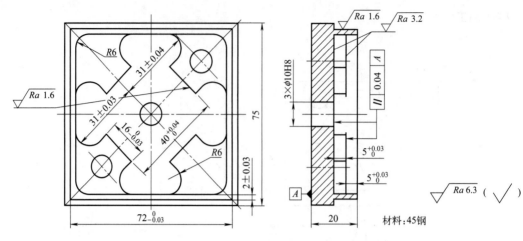

附图 49

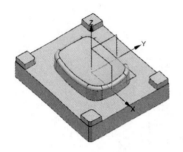

附图 50

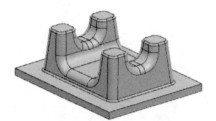

附图 51

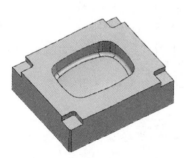

附图 52

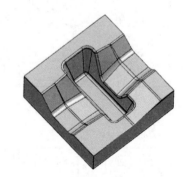

附图 53

附图 54

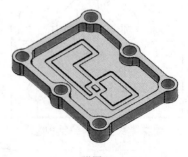

附图 55

知识点索引

第 3 章　特征建模

参考文献

［1］ 程锦，叶虎强，谭建荣，等．三维 CAD 技术研究进展及其发展趋势综述［J］．机械工程学报，2023，59（23）：158-185.

［2］ 商开振，刘霞，尹强．CAD/CAM 软件的发展现状、趋势与国产替代策略探究［J］．智能制造，2023，（1）：42-45.

［3］ 史立峰．CAD/CAM 应用技术——UG NX 8.0［M］．北京：化学工业出版社，2014.

［4］ 史立峰．UG NX 项目教程［M］．北京：北京大学出版社，2013.

［5］ 史丰荣，孙岩志，徐宗刚，等．中文版 UG NX 12 从入门到精通［M］．北京：机械工业出版社，2018.

［6］ 麓山文化．中文版 UG NX 10 快速入门教程［M］．北京：机械工业出版社，2017.

［7］ 袁锋．计算机辅助设计与制造实训图库［M］．北京：机械工业出版社，2007.

［8］ 冯辉．机械制图与计算机绘图习题集［M］．北京：人民邮电出版社，2010.

［9］ 项仁昌，王志泉．机械制图与公差习题集［M］．北京：清华大学出版社，2006.